Klee
Archäologie-Führer
Baden-Württemberg

Margot Klee

Archäologie-Führer Baden-Württemberg

Konrad Theiss Verlag

CIP-Kurztitelaufnahme der Deutschen Bibliothek
Klee, Margot:
Archäologie-Führer Baden-Württemberg /
Margot Klee. - Stuttgart : Theiss, 1986
ISBN 3-8062-0433-0

Der Umschlag zeigt das Kleinkastell Rötelsee bei Welzheim.
Aufnahme: Luftbild A. Brugger, freigegeb. Reg.-Präs. Stuttgart
Nr. 2/49 681 C.

Gesamtherstellung: Sellier, Freising
ISBN 3 8062 0433 0
Printed in Germany

VORWORT

Wer nicht von dreitausend Jahren,
Sich weiß Rechenschaft zu geben,
Bleib' im Dunkeln unerfahren,
Mag von Tag zu Tage leben.

J. W. von Goethe, Westöstlicher Divan,
Buch des Unmuts

Schon immer haben sich Menschen mit der Geschichte befaßt. Das war bereits im Altertum der Fall und ist bis heute nicht anders. So begleitet das Interesse des breiten Publikums die Archäologen bei ihrer Arbeit, vor allem aber bei spektakulären Funden; die vielen Besucher der verschiedenen Museen und Ausstellungen beweisen es ebenso wie die zahlreichen Bücher mit archäologischen Themen, die inzwischen publiziert worden sind. Dieses Interesse bezeugen aber auch die vielen ergrabenen Denkmäler, die in den letzten Jahren von den verschiedensten Seiten, nämlich Bundesländern, Gemeinden oder auch privaten Förderkreisen, konserviert und restauriert worden sind. Sie locken alljährlich Tausende von Besuchern an.

Das vorliegende Büchlein möchte ein Begleiter sein bei den Fahrten zu den restaurierten Denkmälern in Baden-Württemberg. In leicht verständlicher Form sind hier die verschiedenen Monumente beschrieben. Die Texte befassen sich nicht mit wissenschaftlichen Problemen, sondern wollen das Objekt selbst in seiner Eigenheit darstellen. Deshalb sind auch so weit wie möglich statt der sonst üblichen Fachausdrücke deutsche Begriffe verwendet worden. Die ausführlichen Erläuterungen nach dem beschreibenden Teil sollen den Lesern, die sich bisher noch nicht sehr eingehend mit der Geschichte vertraut gemacht haben, auch über das Objekt selbst hinaus Wissenswertes aus der Archäologie vermitteln.

Da nicht alle restaurierten Denkmäler von Baden-Württemberg in diesem kleinen Führer besprochen werden konnten, wurde nach folgenden Kriterien ausgewählt: zum einen sollte aus jeder geschichtlichen Epoche wenigstens ein Objekt aufgenommen

sein, zum anderen sollte es sich dabei jeweils um ein charakteristisches Beispiel handeln. Alle hier beschriebenen Monumente sind ausnahmslos besonders gut erhalten und lohnen einen Besuch.
Zum Schluß ist es mir eine angenehme Pflicht, für zahlreiche Hilfe zu danken. Zu nennen sind hier Herr Dr. D. Planck (Landesdenkmalamt Baden-Württemberg, Stuttgart), der das Entstehen des Führers in jeder Weise unterstützt hat, sowie die Herren Dr. G. Fingerlin (Landesdenkmalamt Baden-Württemberg, Freiburg) und Dr. H. Reim (Landesdenkmalamt Baden-Württemberg, Tübingen), die mir Fotos und Pläne überließen. Die Rekonstruktionszeichnungen fertigte Herr K. Mikiffer (Karlsruhe), die Kartenausschnitte Herr Bernert (Murr) an. Mein Dank gilt aber auch Herrn H. Schleuning und Frau G. Süsskind vom Konrad Theiss Verlag, die diesen Führer anregten und ihn redaktionell stets sehr sorgfältig betreut haben.
Möge das Buch den Leser dazu anregen, sich nach dem Besuch der Denkmäler genauer zu informieren und sich eingehender mit der Geschichte unseres Landes zu beschäftigen.

Februar 1985 Margot Klee

INHALT

Die Landschaft Baden-Württembergs ist vielfältig gegliedert. In dieser Landschaft hat der Mensch im Laufe seiner langen Geschichte zahlreiche Spuren hinterlassen, die sich jedoch während bestimmter Zeiten auf einzelne Regionen beschränken. Das hängt mit den verschiedensten Ursachen zusammen: mit der Lebensweise der Menschen ebenso wie mit der Umwelt und mit klimatischen Bedingungen.

Altsteinzeit (Paläolithikum)

Die ältesten menschlichen Hinterlassenschaften datieren in die Altsteinzeit (Paläolithikum, 700/400000–10000 v.Chr.), die man heute in die ältere, mittlere und jüngere Altsteinzeit unterteilt. Innerhalb dieser Kulturstufen wurde anhand der Höhlenfunde in Frankreich eine Chronologie erarbeitet. Die einzelnen Epochen tragen daher von den französischen Fundplätzen abgeleitete Namen wie z.B. Micoquien in der mittleren Altsteinzeit oder Aurignacien, Gravettien und Magdalénien in der jüngeren Altsteinzeit.

Während der gesamten Altsteinzeit durchstreiften die Menschen als nicht seßhafte Jäger das Land. Daß sich ihre Rastplätze im Raum des heutigen Baden-Württemberg vor allem in den Höhlen der Schwäbischen Alb finden, hängt von den geologischen Bedingungen ab, denn zahlreiche Freilandlagerplätze sind unter dicken Lößschichten begraben oder völlig zerstört. Die Menschen suchten damals die Höhlen immer nur vorübergehend auf. Daraus erklärt sich auch die für die lange Zeitdauer der Kulturen verhältnismäßig geringe Zahl der Funde. Den größeren Teil des Jahres verbrachten die Jägerhorden in offenem Gelände. Von den hütten- und zeltähnlichen Schutzbauten ihrer Freilandrastplätze haben sich keine Reste erhalten.

Die Kleidung der Menschen bestand damals aus Fellen und Häuten, die zu Hosen, parkaähnlichen Jacken, Schuhen, Handschuhen und Mützen verarbeitet waren. Zusätzlich konnten sie mit aufgenähten Schmuckanhängern verziert sein. Wichtig für die Jäger war vor allem, daß die Kleidung einerseits die für die Jagd notwendige Bewegungsfreiheit bot, andererseits aber auch vor

Kälte schützte. Kleidungsreste der mittleren Altsteinzeit haben sich in Grabfunden in Frankreich und Rußland erhalten.
Während der gesamten Altsteinzeit bildete die Jagd neben dem Sammeln wilder Früchte die Hauptenährungsquelle. Diese Art des Lebens bezeichnet man als »Wildbeutertum«. Erlegt wurde neben Kleinsäugern wie Schneehasen und Lemmingen vor allem Großwild, nämlich Mammut, Steinbock, Fellnashorn und Wildpferd. Sicherlich hat man auch Höhlenbären gejagt, obwohl nicht alle in den Kulturschichten aufgefundenen Bärenknochen von erbeuteten Tieren stammen müssen, sondern es sich auch um Bären handeln kann, die während des Winterschlafs in den Höhlen verendeten.
Neben den Geräten aus Stein gab es wohl schon in der älteren Altsteinzeit Werkzeuge aus organischem Material wie Holz oder Knochen. Sie sind aber nur vereinzelt bei sehr günstigen Erhaltungsbedingungen konserviert.
Wahrscheinlich lebten die Menschen in Sippenverbänden. Aus ethnologischen Beobachtungen an primitiven Völkern ähnlicher Kulturstufe darf man schließen, daß die Männer vor allem jagten, die Frauen dagegen sammelten. Da auf diese Weise beide zum Lebensunterhalt beitrugen, waren sie völlig gleichberechtigt. Weiterhin zog vermutlich jede Sippe in einem räumlich begrenzten Areal umher und suchte je nach Jahreszeit und dem Standort der Tiere verschiedene Jagdreviere auf.
Auf die religiösen Vorstellungen der damaligen Zeit kann man nur aus einigen Funden Rückschlüsse ziehen. Bewußte Niederlegungen von Tierresten oder Deponien von Höhlenbärenschädeln werden vermutlich mit dem Jagdzauber zusammenhängen.
Ein bedeutender Wechsel vom Wildbeutertum zu einer spezialisierten Form des Jägertums tritt in der jüngeren Altsteinzeit im Magdalénien (15000–10000 v.Chr.) ein. Die Kulturstufe dieses »Höheren Jägertums« zeichnet sich durch die Jagd auf bestimmte Tiergattungen aus – vornehmlich Rentier und Wildpferd –, die mit entwickelten Waffen und geschickten Methoden durchgeführt wird. Restkulturen des Höheren Jägertums finden sich noch heute bei den Eskimos sowie bei einigen Indianerstämmen Nordamerikas.
Im Magdalénien jagten die Menschen nach dem starken Rückgang von Mammut und Höhlenbären vor allem Rentiere. Da die Herden ihre Standplätze laufend wechselten, paßten sich die Menschen immer noch dem Lebensrhythmus der Tiere an und verweilten je nach Jahreszeit unterschiedlich lange an den aufgesuchten Lagerplätzen. Kulturreste finden sich in Höhlen und unter Felsüberhängen ebenso wie im Freiland. Da die belegte Flä-

che bei keinem Lager groß ist, bestanden die einzelnen Sippenverbände wohl nur aus einer kleinen Zahl von Angehörigen.
Neben den aus Abschlägen hergestellten Steingeräten wie Klingen, Sticheln, Kratzern und Bohrern sind für die Entwicklungsstufe des Höheren Jägertums auch Geräte aus organischem Material charakteristisch. Speerspitzen aus Rentiergeweihen waren an hölzernen Schäften befestigt und belegen den Gebrauch von Pfeil und Bogen. Speerschleudern stellte man ebenso aus Rentiergeweihen her wie die für den Fischfang benutzten Harpunen. Gelochte Stäbe aus Rentiergeweih, früher als magische, beim Jagdzauber verwendete Gegenstände gedeutet, dienten nach Analogiefunden bei den Eskimos wohl als Widerlager beim Geradebiegen von Pfeil- und Lanzenschäften.
Hinzuweisen ist außerdem noch auf das in den jüngeren paläolithischen Kulturstufen seit 30000 v. Chr. hochentwickelte Kunstschaffen, das in Skulpturen aus Gagat und Elfenbein, in zahlreichen Anhängern sowie in Knochenschnitzereien auf uns gekommen ist und vor allem bei den Tierfiguren eine sorgfältige Naturbeobachtung verrät.

Mittelsteinzeit (Mesolithikum)

Das Mesolithikum (»Mittelsteinzeit«) umfaßt die Zeitspanne von 10000/8000-5000 v. Chr. Man hat diesen Begriff einmal als »geniale Verlegenheitslösung« bezeichnet, weil man dazu alle jene Kulturen rechnet, die auf das Höhere Jägertum der späten Altsteinzeit folgen, die aber noch nicht die Charakteristika der jungsteinzeitlichen Bauernkulturen aufweisen. - Ein Klimawechsel zu wärmeren Temperaturen veränderte mit dem Abschmelzen der alpinen und nordischen Gletscher die Umwelt und führte zum Aussterben der arktischen Tierwelt mit Mammut, Rentier und Schneehase. Auch in der Mittelsteinzeit bleiben die Menschen Jäger, die ihre Lager häufig wechseln. Wesentlich verbessert haben sich allerdings die Waffen. Sie bestehen aus geometrisch zugeschlagenen, meist nur zwei Zentimeter langen Klingen (»Mikrolithkulturen«). Die mesolithische Bevölkerung ist in der Folgezeit in den jungsteinzeitlichen Kulturen aufgegangen.

Jungsteinzeit (Neolithikum)

Mit der Jungsteinzeit (5000-1800 v. Chr.), dem Neolithikum, setzte eine völlig neue Entwicklung ein, die wohl tiefgreifendere

Wandlungen herbeigeführt hat als die Übergänge zahlreicher anderer Epochen, und die deswegen gerne als »neolithische Revolution« bezeichnet wird: Seit dem 10. Jahrtausend v. Chr. im Vorderen Orient entwickelt, kommen Ackerbau und Viehzucht im 6. und 5. Jahrtausend v. Chr. nach Süddeutschland. Die Menschen werden seßhaft, und es entstehen die ersten Bauernkulturen, deren Träger, Volksgruppen aus dem Osten, die späteiszeitlichen Jäger assimiliert haben.
Auch im Neolithikum gibt es verschiedene Kulturgruppen, die auf ähnlicher Wirtschaftsstufe stehen, aber nach ihrer unterschiedlichen Keramik differenziert werden. Uns interessieren die Unterschiede zwischen den einzelnen Kulturgruppen hier allerdings weniger als die typischen, allgemeingültigen Kennzeichen der Jungsteinzeit.
Die Menschen des Neolithikums lebten wahrscheinlich als Großfamilien oder in Sippenverbänden zusammen. Die meist rechtekkigen Häuser mit einer Stützenreihe für das Dach im Innenraum hatten Flechtwerkwände mit Lehmverputz. Herdeinbauten sind nachgewiesen, von der weiteren Inneneinteilung in Räume oder Stallungen ist nichts bekannt.
Die in neolithischen Siedlungen häufig festzustellenden Gruben dienten als Vorrats- und Arbeitsgruben für verschiedene handwerkliche Tätigkeiten, etwa Steinbearbeitung. Man hat die Dörfer offenbar nach einem bestimmten Plan erbaut. Dafür spricht auch ein die Siedlung umgebender Graben oder Zaun, der weniger gegen feindliche Überfälle schützen konnte, als vielmehr Haustiere am Weglaufen und wilde Tiere am Eindringen hindern sollte. Eine solche Gemeinschaftsarbeit läßt gleichzeitig Rückschlüsse auf eine soziale Staffelung zu. Man hat neolithische Siedlungen in ackerfreundlichen Böden nahe an Wasserläufen ebenso nachgewiesen wie an Uferrändern von Seen und Mooren, etwa vom Federsee. Trotz ihrer unterschiedlichen Lage ist in beiden Gerste, Emmer und Einkorn angebaut worden. Das durch Rösten haltbar gemachte Getreide bewahrte man wohl in Keramiktöpfen auf, die in den Boden eingegraben oder aufgehängt sein konnten. Als Haustiere hielten die Menschen Rind, Schwein, Schaf und Ziege. Einbäume belegen am Federsee auch einen intensiv betriebenen Fischfang.
Im Neolithikum bleibt Stein, vor allem Tonschiefer, weiterhin das wichtigste Material für Arbeitsgeräte und Werkzeuge. Da er teilweise über große Entfernungen herantransportiert werden mußte, gab es vielleicht schon einen Steinhandel, worauf auch größere Steindeponien schließen lassen. Wie er allerdings organisiert gewesen sein könnte, bleibt unklar. Typische neolithische Fundstük-

ke sind neben zahlreichen Knochengeräten steinerne Mahl- und Schleifsteine. Während des Neolithikums treten erstmals auch keramische Erzeugnisse in großem Umfang in Erscheinung, wobei sich die Gefäße bei den einzelnen Kulturgruppen in ihrer Machart und vor allem ihrer Verzierung stark unterscheiden. In den Feuchtsiedlungen an Moor- und Uferrändern haben sich im übrigen Gewebe mit verschiedener Bindungstechnik erhalten, die erstmals mit Webstühlen hergestellt wurden.
Auf die geistige Kultur kann man vor allem aus der Art der Bestattungen schließen. Für das Neolithikum lassen sich verschiedene, jeweils an eine Kulturgruppe gebundene Grabtypen nachweisen. Neben Flachgräbern mit Hocker- und Gestrecktbestattungen sind vor allem die Steinkistengräber beobachtet worden, die mit einem Hügel überwölbt waren und »Seelenlöcher« aufweisen. Sie gehören zu einer Kulturgruppe, deren Träger ursprünglich in den Ostpyrenäen ansässig waren und von dort über Osne und Marne bis zum Jura vorstießen. Für die beiden neolithischen Gräber von Degernau und Niederschwörstadt finden sich denn auch die nächsten Parallelen in der Schweiz. Solche Steinkistengräber nahmen über einen längeren Zeitraum hinweg Bestattungen auf - bis zu 47 Personen konnten in Gräbern nachgewiesen werden -, wobei die jeweils älteren Toten vor einer neuen Beisetzung zur Seite geräumt wurden. Sie dienten also gleichzeitig als Grab und als Beinhaus (Ossuarium). - In den Gräbern haben sich auch zahlreiche Beigaben wie Feuersteingeräte, Schmuckketten aus Tierzähnen und Amulette gefunden. Offenbar sollte der Tote im Jenseits weiterleben können wie bisher und zusätzlich noch gegen mögliche Gefahren geschützt werden.

Bronzezeit

Mit dem Namen »Bronzezeit« wird bereits ausgesagt, daß in der folgenden Epoche an die Stelle der neolithischen Steingeräte Werkzeuge aus Bronze getreten sind. Ihr Beginn fällt in die Zeit um 1800/1600 v. Chr., sie endet spätestens um 800 v. Chr. Nach der unterschiedlichen Bestattungsweise hat man die Bronzezeit in die Hügelgräberbronzezeit (1600-1300 v. Chr.) und die Urnenfelderkultur (1250-800 v. Chr.) unterteilt.
Während der Hügelgräberbronzezeit wurden über den Gräbern Erd- und Steinhügel aufgeschüttet. Diese Sitte hat eine in der Jungsteinzeit von Südosten her eingewanderte Volksgruppe mitgebracht. Die in Nord-Süd-Richtung bestatteten Toten - oft mehrere in einem Hügel - sind mit zahlreichen Beigaben versehen.

Meist haben die Hügel aber kleinere Durchmesser als die der Hallstattzeit.
Die Siedlungen der Hügelgräberbronzezeit konzentrieren sich offenbar vor allem auf die trockene Alb, während aus dem Unterland und Oberschwaben deutlich weniger Gräber - und damit auch Siedlungen - bekannt sind. Natürliche Bedingungen, nämlich ein verhältnismäßig feuchtes Klima, zwangen die Menschen der Hügelgräberbronzezeit dazu, sich auf der Alb vor allem der Viehzucht zu widmen, Ackerbau dagegen nur in geringem Maße zu betreiben. Auf intensivierten Handel mit Bayern und dem Rheingebiet weist das Inventar verschiedener Gräber hin.
Mit dem Einsetzen der Urnenfelderzeit (1250-800 v.Chr.) änderten sich die Siedlungsverhältnisse wiederum, bedingt durch eine erneut einsetzende Trockenheit. Die Bevölkerung suchte feuchte Gebiete nahe an Seen und Mooren auf, wie die Ufersiedlung »Wasserburg Buchau« zeigt. Die rechteckigen Fachwerkhäuser waren mit Lehm verputzt. Zahlreich gefundene Ackergeräte wie Sicheln belegen neben den in Ufersiedlungen häufig konservierten Feldfrüchten, daß sich die Menschen neben der Viehzucht verstärkt dem Ackerbau widmeten. Ebenso wurde der Fischfang intensiver betrieben. Außer Siedlungen in Tälern und Ebenen treten in der späten Urnenfelderkultur befestigte Höhensiedlungen auf. Wie lange sie belegt waren, ist bisher nicht zu sagen. In der Schweiz scheint sich in der späten Urnenfelderkultur allerdings eine sozial höher gestellte Schicht abzuzeichnen, die in befestigten Höhensiedlungen lebte und vielleicht Vorläufer der Hallstattfürsten war.
Die einschneidendste Neuerung, der die Urnenfelderkultur ihren Namen verdankt, ist die Art der Bestattung: statt der Hügelgräber finden sich im Gelände äußerlich nicht mehr erkennbare Flachgräber. Die Toten wurden auf einem Scheiterhaufen verbrannt und die im Feuer kalzinierten Knochen anschließend in einer großen Urne beigesetzt, die mit einem zweiten Gefäß oder einem Stein abgedeckt war und teilweise auch Beigaben wie Nadeln, Messer oder Schmuck aus Bronze enthielt. Weitere Gefäße können in der Grabgrube um die Urne herum aufgestellt gewesen sein. Da die in der Urnenfelderkultur nachweisbare Keramik ohne deutlichen Bruch in die folgende Hallstattzeit hineinreicht, ist von der Forschung ein kontinuierlicher Übergang der Urnenfelderkultur in die Hallstattzeit nie bezweifelt worden.

Der Beginn der Früheisenzeit ist um 800 v.Chr. durch einen erneuten Klimaumschwung bedingt, der die Menschen der späten Bronzezeit zwang, Ufersiedlungen wie die »Wasserburg Buchau« aufzugeben und sich wieder auf die höhergelegenen Flächen zurückzuziehen. In Baden-Württemberg ist für die folgenden Jahrhunderte eine einheitliche Kultur festzustellen, die man nach dem Fundort Hallstatt im Salzkammergut als »Hallstattkultur« bezeichnet.

Das äußere Merkmal der neuen Kultur sind wieder über den Gräbern aufgeschüttete Grabhügel, in denen man die unverbrannten Toten beisetzte. Wohl nur bei Höherstehenden wurden die Grabhügel von Steinkreisen eingefaßt oder mit Stelen bekrönt wie beispielsweise in Tübingen-Kilchberg oder Gomaringen-Stockach. Die Gräber enthalten zahlreiche Beigaben, neben reich verzierter, mehrfarbiger und kunstvoll getöpferter Keramik vor allem Hiebschwerter aus Bronze und Eisen. Man geht wohl nicht fehl, wenn man diese neuartige Waffe zunächst vor allem einer Kriegerschicht zuweist.

Demgegenüber setzt sich die jüngere Hallstattzeit deutlich ab, obwohl bestimmte Elemente, wie z. B. die Grabhügelsitte, beibehalten werden. Sie ist vor allem durch die Anlage der »Fürstensitze« gekennzeichnet, in denen erstmals eine durch wirtschaftliche Macht und Reichtum bedingte soziale Trennung faßbar wird.

Fürstensitze liegen stets auf im Gelände auffallenden Erhebungen. Das dichtbebaute Siedlungsareal erinnert mit seinen Wohnquartieren und den Gassen schon fast an kleine Städte. Diese Zentralsiedlungen wahrten untereinander den Abstand von ca. 50 bis 100 km. Ob sich darin allerdings ein »Herrschafts- oder Einflußgebiet« abzeichnet, bleibt unklar. Bedingt war der Reichtum der Hallstattfürsten wohl durch einen straff organisierten Nord-Süd-Handel. Aus dem Mittelmeerbereich ließen die Herren vor allem Wein und das notwendige Trinkgeschirr wie Schalen oder Mischgefäße aus Edelmetall und Keramik importieren. Diese Gegenstände sind daher charakteristisches Fundmaterial für Fürstensitze. Vor allem die im Umkreis der Herrensitze geborgenen Fürstengräber zeichnen sich neben ihrer monumentalen Größe von meist mehr als 30 m Durchmesser durch südliche Importe sowie oft auch durch Goldbeigaben aus.

Die Handelswege orientierten sich vornehmlich an den Wasserwegen: von Massilia (Marseille) aus führten sie die Rhône aufwärts und über Seine und Donau möglichst nahe an die Fürsten-

sitze. Es waren wohl meistens die Händler selbst, die nach einer Reise von ungefähr 30 Tagen ab Massilia die Fürsten aufsuchten und ihre Waren anboten. Welche Gegenstände sie dafür eintauschten, ist bisher nur zu vermuten: vielleicht gehörte das auf der Heuneburg angefertigte Bronzegeschirr zu den »Exportartikeln«. Weitere Wirtschaftszweige bildeten wohl Salzgewinnung, Bergbau und Eisenverhüttung.
Die meist Ackerbau und Viehzucht treibende, ländliche Bevölkerung bevorzugte für ihre Dörfer zu Bächen und Flüssen abfallende, sanfte Hänge mitten im Ackerland oder an leichten Erhebungen, da die herausragenden Höhenlagen ja von den Fürstensitzen eingenommen wurden. Die Dörfer waren mit Häusern in Pfostenständerbauweise nur locker bebaut. Häufig sind dagegen die sich nach unten erweiternden Vorratsgruben. Das Haus des »Dorfältesten« trennte bisweilen ein kleiner Zaun vom restlichen Siedlungsareal. Nach den Beigaben in den »Dorffriedhöfen« konnten offenbar auch diese freien Bauern zu beachtlichem Reichtum gelangen.
Das Zentralgrab der Fürstengräber, eine flachgedeckte Holzkammer, umgab eine Steinschüttung. In der mit Fellen und Decken ausgekleideten Kammer bettete man den Toten entweder auf dem Boden oder auf einer Liege. Häufig finden sich als Beigaben leichte, vierrädrige Wagen, die wohl im Totenzeremoniell bei kultischen Wagenumfahrten eine wichtige Rolle spielten. Außer dem Rangabzeichen, einem goldenen Halsring, wurde der Fürst reich mit Trinkgeschirr und Eßservice für ein standesgemäßes Leben im Jenseits ausgestattet.
Wahrscheinlich war die Beisetzung eines Fürsten mit großen Leichenfeiern und -festspielen verbunden.
Ob bei Doppelbestattungen, wie sie im Hohmichele bei der Heuneburg nachgewiesen sind, dem Fürsten seine Witwe oder eine Dienerin in den Tod folgte, muß offen bleiben. Dieser von Schriftstellern bezeugte Brauch der Totenfolge war im keltischen Machtbereich offenbar auf die Fürsten beschränkt, ist aber auch bei ihnen nur vereinzelt nachzuweisen.

Latènezeit

In der zweiten Hälfte des 5. Jh. v. Chr. werden die Fürstensitze in Baden-Württemberg aufgegeben. Damit muß eine tiefgreifende Veränderung eingetreten sein, denn in der Folgezeit fehlen hier die Südimporte ebenso wie der Reichtum, der die Fürstengräber ausgezeichnet hat. Im Gegensatz dazu sind einige der offenen

Dörfer und Höfe kontinuierlich von der frühen Hallstattzeit über die Zeit der Fürstensitze bis in die folgende Latèneperiode besiedelt, andere dagegen verlassen worden. Benannt ist die bis zur Jahrhundertwende reichende Latène-Periode ebenfalls nach einem Fundplatz, nämlich der Opferstätte La Tène am Neuenburger See (Schweiz).
Da die dörflichen Siedlungen ebenso wie die Einzelgehöfte weiterhin bestehen, kann man davon ausgehen, daß auch in der Latènezeit intensiv Ackerbau und Viehzucht betrieben wurden. Griechische Schriftsteller loben außerdem die Pferdezucht der Kelten besonders. Epona, die keltische Schutzpatronin der Pferde und Ställe sowie des gesamten Warenverkehrs, genoß in Südwestdeutschland auch noch während der römischen Herrschaft hohe Verehrung. Eisen verhandelte man in Barrenform oder verarbeitete es zu Werkzeugen und Geräten, Gagat zu verschiedenstem Schmuck. Wirtschaftlich wichtig war weiterhin die Salzgewinnung. Zahlreiche Münzfunde lassen auf einen intensiven Handelsverkehr schließen. Er wurde wohl vor allem in den stadtartigen Siedlungen abgewickelt, die an Straßenknotenpunkten entstanden und auch noch in römischer Zeit besiedelt waren, wie die Namen von Lopodunum (Ladenburg), Sumelocenna (Rottenburg) und Grinario (Köngen) belegen.
Die großen, als Oppida bezeichneten Siedlungen, die etwa im Heidengraben erhalten sind, haben die Kelten wohl erst in der Spätlatènezeit angelegt. Auch hier lassen sich zahlreiche Hinweise auf Handwerksbetriebe und einen allgemein regen Warenverkehr gewinnen. In die Spätlatènezeit, die die Zeit vor und nach Christi Geburt umfaßt, datieren auch die zahlreichen Viereckschanzen, von Spitzgräben eingefaßte, meist quadratische Erdwerke. Lange Zeit hat man sie als Gutshöfe oder Verteidigungsanlagen gedeutet, doch ist durch die zahlreichen beobachteten Heiligen Brunnen oder Opferschächte sowie die kleinen hölzernen Tempelbauten inzwischen gesichert, daß es sich hier um Kultanlagen handelt. Die Opferhandlungen vollzogen Druiden, keltische Priester, die Wahrsager und Seher, gleichzeitig aber auch Träger der geistigen Kultur waren. Die von den Kelten meist in Tiergestalt abgebildeten Götter nahmen wohl erst unter römischem Einfluß menschliche Gestalt an.

Römische Zeit

Im Gegensatz zu den vorausgehenden Epochen läßt sich die Zeit der römischen Herrschaft in Baden-Württemberg genau datieren.

Sie beginnt mit den Alpenfeldzügen unter Augustus 15 v. Chr. und endet mit dem Rückzug der Römer auf das linksrheinische Gebiet 259/60 n. Chr.
Nachdem Caesar in den Jahren 58 bis 50 v. Chr. Gallien bis zum Rhein erobert hatte, unterwarfen die römischen Truppen im sog. Alpenfeldzug 15 v. Chr. das zentrale Alpengebiet sowie das Schweizer Mittelland. Gleichzeitig errichteten sie am Hochrhein Militärposten, die die Ausgangsbasis für weitere Vorstöße in das Freie Germanien bilden sollten. Das frühe Kastell auf dem Limberg bei Sasbach gehört mit seiner über den Rhein vorgeschobenen, deutlich offensiven Position wohl in diesen Zusammenhang.
Tiberius (14-37 n. Chr.) gab die Pläne auf, das rechtsrheinische Germanien zu erobern, und ließ die über den Rhein vorgeschobenen Militärstationen auf das linke Rheinufer zurücknehmen. Legionen standen in Argentorate/Straßburg und Vindonissa/Windisch, während das Voralpenland von einer Reihe befestigter Militärposten gesichert wurde. Ein Legionslager, in dem möglicherweise zwei Legionen gestanden haben, wird anhand des Fundmaterials in Augsburg-Oberhausen vermutet.
Zu einem ersten Ausbau der Grenze kam es unter Kaiser Claudius um 40 n. Chr. Rätien, das Teile des östlichen Baden-Württemberg bis Lorch umfaßt, erhielt eine Provinzverwaltung. Gleichzeitig wurde die Nord-Grenze entlang der Donau mit Kastellen gesichert. Nach Westen zu verband eine Straße die Donaugrenze mit dem Oberrhein, mit der wahrscheinlich Militäranlagen in Sasbach und Hüfingen zu verbinden sind.
Vespasian (69-79 n. Chr.) ließ eine Straße durch den Schwarzwald bauen, die Donau- und Rheingrenze miteinander verband. Von Hüfingen aus stießen die Truppen über Waldmössingen bis nach Rottweil vor, wo um 70 n. Chr. die ersten Kastelle gegründet wurden. Durch mehrere, nahe bei Rottweil gelegene Garnisonen bezog man in spätvespasianischer Zeit das obere Neckarland in den römischen Machtbereich ein.
Eine mit Kastellen gesicherte Grenze westlich des Neckarlaufes ließ Domitian (81-96 n. Chr.) erst um 85/90 n. Chr. anlegen, nachdem die Provinz Obergermanien gegründet worden war. Diesem neuen Grenzverlauf paßte man gegen Ende des 1. Jh. n. Chr. auch die Nord-Grenze Rätiens an, die vom südlichen Donauufer auf die Schwäbische Alb vorgeschoben wurde. Zu Beginn des 2. Jh. n. Chr. sicherten Holzwachttürme die zunächst als Schneise angelegte Grenze. Erst unter Kaiser Hadrian (117-138 n. Chr.) erfolgte im frühen 2. Jh. n. Chr. ihr Ausbau mit einer Palisade. Damit sollte aber keineswegs der Grenzverkehr vom Freien Germanien in das

Römische Reich unterbunden werden: Grenzübergänge waren an bestimmten Passierpunkten möglich. In diesen Feldwachen, die man sich ähnlich wie das Limestor in Dalkingen vorzustellen hat, konnten die Römer den Verkehr leichter kontrollieren und überwachen. Mit der Palisade wollte man lediglich kleine Räuberbanden daran hindern, in das Römische Reich einzufallen und nahe der Grenze gelegene Gutshöfe und Dörfer zu plündern.
Eine letzte Grenzkorrektur erfolgte am rätischen und obergermanischen Limes um die Mitte des 2. Jh. n. Chr.: in Obergermanien wurde die Grenze um ca. 30 km nach Osten auf die Linie Miltenberg-Lorch (= vorderer Limes) verlegt, in Rätien auf den Nord-Hang des Remstales vorgeschoben. Diese Grenze schützte in Obergermanien gegen Ende des 2. oder zu Beginn des 3. Jh. n. Chr. ein hinter der Palisade angelegtes Wall-Graben-System, in Rätien dagegen, vielleicht wegen der Gefahr von Markomanneneinfällen, eine Steinmauer. Ihr Beginn ist im Rotenbachtal bei Schwäbisch Gmünd nachgewiesen. Diese Limesverlegung brachte dem Römischen Reich keinen großen Landgewinn mehr. Vielleicht sollten damit weitgehend romanisierte Gebiete offiziell in die römische Verwaltung einbezogen, vielleicht eine leichter überschaubare, teilweise schnurgerade Limesführung geschaffen werden.
Im frühen 3. Jh. n. Chr. bedrohten die Alamannen, ein zunächst an der mittleren Elbe ansässiger Volksstamm, die römische Reichsgrenze. 213 n. Chr. unternahm Kaiser Caracalla (211–217 n. Chr.) möglicherweise von Dalkingen aus einen Präventivkrieg, der mit seinem Sieg endete und für ungefähr 20 Jahre den Frieden sicherte. Ab 233 n. Chr. fielen die Alamannen aber wiederholt nach Obergermanien und Rätien ein, da die römischen Truppen im Osten des Reiches gegen die Perser zu kämpfen hatten. Durch zahlreiche Thronstreitigkeiten ausgelöste Bürgerkriege sowie die ständige Bedrohung des Reiches im Osten führten 259/60 n. Chr. zum Rückzug der Römer an Rhein und Donau. Auch an dieser Grenze entstanden zahlreiche Kastelle, die wie Vemania/Isny nur noch kleine Einheiten aufnehmen konnten. Seit dem späten 4. Jh. n. Chr. bedrohten vor allem Alamannen und Goten das Römische Reich. Da sich die Kämpfe zunehmend im italischen Mutterland abspielten, gaben die Römer vom beginnenden 5. Jh. n. Chr. an allmählich ihre Besitzungen nördlich der Alpen auf.
Mit der römischen Eroberung kam vom 1. Jh. n. Chr. auch die römische Kultur nach Südwestdeutschland.
Schon bald entstanden neben den Garnisonen Lagerdörfer, in denen vor allem Händler und Marketender, aber auch die Familien der Soldaten lebten. Sie entwickelten sich meistens nach dem

Truppenabzug weiter und blieben für die nähere und weitere Umgebung Wirtschafts- und Handelszentren.
Eroberte Gebiete unterstanden zunächst für einige Zeit dem militärischen Oberbefehlshaber. Eine zivile Provinzverwaltung setzten die Römer immer erst dann ein, wenn die Bevölkerung schon romanisiert war. Man schuf kleine Verwaltungseinheiten wie etwa die Stammesgemeinde der Neckarsueben oder gründete autonome Städte. In beiden übertrugen die Römer einen Teil der Verwaltung kooperationswilligen Einheimischen, die sie nach römischem Vorbild ausübten, in letzter Instanz aber blieben sie stets dem Provinzstatthalter verantwortlich.
In der römischen Zeit prägten Städte bzw. stadtartige Siedlungen sowie zahlreiche, wirtschaftlich autarke Gutshöfe das Bild der Landschaft. In den Städten lebten romanisierte Einheimische, wohl meist die ehemalige keltische Oberschicht. Wie in Italien entstanden auch hier große Verwaltungsbauten wie die Marktbasilika von Ladenburg, prachtvolle Thermen wie das Badegebäude in Rottweil oder Wasserleitungen wie in Rottenburg, die die Bevölkerung täglich mit Frischwasser versorgten – damals eine großartige technische Leistung. Die schlichten Fachwerkbauten wurden bald durch Steinhäuser mit Ziegeldächern ersetzt. Bedeutende Städte erhielten im späten 2. Jh. n. Chr. wohl wegen der Gefahr feindlicher Einfälle Stadtmauern (Wimpfen, Rottenburg u. a.).
Die Gutshöfe lagen vor allem in landwirtschaftlich ertragreichen Gegenden. Sie konnten verpachtet sein und für die in Städten lebenden Gutsherren bewirtschaftet werden oder einem freien Bauern gehören, der oft als Soldat im römischen Heer gedient hatte. Auch hier fanden sich deutliche Anzeichen der Romanisierung. Das zentrale Wohngebäude war fast stets ein Steinbau mit einem Ziegeldach, der mit beheizten, teilweise auch farbig dekorierten Wohnräumen einen beachtlichen Komfort bot. Ein Badegebäude sorgte ebenfalls für die Bequemlichkeit der Gutsbewohner. In der Götterverehrung, von der etwa die Jupitergigantensäulen zeugen, verschmolzen einheimische und römische Glaubensvorstellungen.
Auch in der Landwirtschaft selbst wurden von den Römern zahlreiche Verbesserungen eingeführt und die Fläche des kultivierten Landes deutlich vergrößert. Nachweisbar sind in bestimmten Gegenden bereits Sonderkulturen, etwa der Weinbau in Landgütern wie Lauffen am Neckar oder die Anlage von Obstkulturen im Rheintal.
Schließlich sind noch kleine Handwerkersiedlungen zu erwähnen. Man gründete sie an Plätzen, die über das für ihren Bedarf

notwendige Rohmaterial verfügten wie etwa Töpfereisiedlungen in der Nähe von Tonvorkommen, Wasserläufen und Waldgebieten.

Alamannische Zeit

Nachdem sich die Römer 259/60 n.Chr. an den Rhein und die Donau zurückgezogen hatten, drangen die Alamannen in das ehemalige Provinzgebiet ein. Obwohl sie manchen römischen Gutshof wie etwa Lauffen vorübergehend bewohnten, sind bis zur Mitte des 5. Jh. n. Chr. nur wenige alamannische Siedlungen im baden-württembergischen Raum nachzuweisen. Erst während des 6. Jh. n. Chr. nimmt die Siedlungsdichte vor allem im südlichen Bereich des Landes zu.

Zeittafel

	Altpaläolithikum		
500 000–350 000	Abbevillien		
350 000–150 000	Acheuléen	Jäger und Sammler (»Wildbeuter«) Faustkeilkulturen: Bearbeiten natürlich vorgeformter Steine zu Werk- und Arbeitsgeräten	
	Mittelpaläolithikum		
90 000–80 000	Micoquien		
	Moustérien	Jäger und Sammler (»Wildbeuter«) Abschlagkulturen: Abgeschlagene Teile werden zu Werkzeugen weiterverarbeitet	Heidenschmiede Vogelherdhöhle
	Jungpaläolithikum		
35 000–28 000	Aurignacien		
25 000–20 000	Gravettien		
15 000–10 000	Magdalénien	Höheres Jägertum mit spezialisierter Jagd, vornehmlich auf Rentiere und Wildpferde Klingenkulturen: Abschlagen von direkt als Werkzeuge weiterverwendeten Klingen bedingt ein entwickeltes Handwerkertum	Brillenhöhle Geißenklösterle Petersfels Vogelherdhöhle

10000–5000	Mesolithikum	Jäger und Sammler, die noch im Jungpaläolithikum verankert sind »Mikrolithische« Steintechnik	
5000–1800	Jungsteinzeit	Eindringen von Bauernvölkern aus dem Osten Jägertum durch Bauerntum verdrängt Hausbau, Landwirtschaft Bodenbearbeitung mit dem Grabstock Herstellen von Geweben auf Webstühlen Ufersiedlungen am Federsee	Riedschachen/Aichbühl erste Befestigung am Ipf
		Hockerbestattungen Großsteingräber	Degernau Niederschwörstadt
1600– 800	Bronzezeit	Verwendung von Metall (Bronze)	
1600–1300	Hügelgräberbronzezeit	Körperbestattungen in Hügelgräbern	
		Befestigte Höhensiedlungen im süddeutschen Raum und an der Donau Bevorzugung der Alb zum Siedeln: weniger Ackerbau, vor allem Viehzucht	Buigen

1300–800	Spätbronzezeit = Urnenfelderzeit	Flachgräber mit Brandbestattungen	
		Befestigte Höhensiedlungen	Ipf
		Siedlungen in Talsohlen oder an Uferrändern: verstärktes Auftreten von Landwirtschaft	Wasserburg Buchau
		Auftreten neuer Waffenformen (Schwert), gleichzeitig Weiterentwickeln bereits bekannter Waffenformen	
		Erstes Vorkommen der Fibel anstelle der bisher verwendeten Gewandnadeln	
		Keramik mit breitgefächertem Typenspektrum	
	Hallstattzeit = Früheisenzeit		
750–2. Hälfte 6. Jh.	Frühhallstattzeit	Herrschaft der Kelten	
		Schriftliche Quellen über Kelten	
		Befestigte Höhensiedlungen	Albstadt Frankenhardt
		Grabhügel mit Holzkammereinbauten und reichen Beigaben	Allensbach-Hegne Immenstaad Nattheim-Fleinheim

			Neuhausen o. E. Pliezhausen-Rübgarten Werbach
		Erste Steinplastiken auf Grabhügeln	Gomaringen-Stockach Tübingen-Kilchberg
		Ackerbau/Viehzucht Keramik, bemalt und inkrustiert, mit Stempel- und Kerbschnittverzierung	
2. Hälfte 6. Jh. 2. Hälfte 5. Jh.	Späthallstattzeit	Fürstensitze, charakterisiert durch Mittelmeerimporte (Wein, Trinkgeschirr aus Bronze und Keramik, vereinzelt Möbel und Schmuck). Goldtorques als Rangabzeichen der Fürsten	Breisach-Münsterberg Heuneburg Hohenasperg Ipf
		Fürstengräber (mit Witwenfolge?) mit reichen Beigaben (Wagen, Goldgegenstände): Bestattungen in Holzkammern innerhalb der Hügel	Allensbach-Kaltbrunn? Heidenbühl/Nagold Hohmichele/Heuneburg Magdalenenberg
		Offene Siedlungen (Gehöfte und Weiler) am Rand fruchtbarer Lößböden Ackerbau und Viehzucht Handel mit Salz und Eisen	

	Späthallstatt/ Frühlatène	Jüngstes Fürstengrab mit Mittelmeerimport	Kleinaspergle
4. Jh. – Christi Geburt	Latènezeit	Größte Herrschaftsausdehnung der Kelten	
386 v. Chr.		Vordringen der Kelten bis nach Rom	
spätes 2. Jh. v. Chr.		Oppidakultur: Handel von Süd nach Nord mit Mittelmeerimporten wie Wein, Keramik und Bronzegefäßen	Altenburg Breisach-Münsterberg Creglingen Heidengraben Kirchzarten Tarodunum
		Siedlungen als Einzelgehöfte, stadtähnliche Siedlungen an Straßenknotenpunkten (Sumelocenna, Grinario, Lopodunum) Eisengewinnung Ackerbau/Viehzucht berühmte Pferdezucht Neuer Kunststil mit graeco-etruskischen Formen	
100 v. – Christi Geburt	Spätlatènezeit	Viereckschanzen	Nattheim-Fleinheim Leinfelden-Echterdingen Pliezhausen-Einsiedel Trossingen

		Münzprägung (»Regenbogenschüsselchen«) Keltenstämme wandern von SW-Deutschland nach Gallien	
58 v. Chr.	Caesar Provinzstatthalter in Gallien	Erste Begegnung Caesars mit den Kelten	Sasbach/Limberg
15 v. Chr.	Feldzüge des Tiberius und des Drusus bis an die Elbe Unterwerfung des Voralpenlandes	Erstes Eindringen der römischen Kultur nach SW-Deutschland Lagerdörfer/Städte, Gutshöfe Straßennetz angelegt Steinbauten mit Ziegeldächern Thermen, Wasserleitungen Neue Keramikgattungen werden eingeführt wie z. B. die Terra Sigillata	
37/41 n. Chr.	Regierung des Claudius	Kastellgründungen an der Donau Bau einer Verbindungsstraße vom Rhein zur Donau Romanisierung des rechtsrheinischen Gebietes	Kastell Rißtissen Kastell und Bad Hüfingen

69/79	Regierung des Vespasian		
		Bau einer Straße durch den Schwarzwald	Kastellgründungen in Rottweil
		Sicherung des oberen Neckarlandes mit zahlreichen Kastellen zunehmende Romanisierung der eroberten Gebiete	Villa Tengen-Büßlingen
			Thermen Baden-Baden und Badenweiler
81/96	Regierung des Domitian		
83		Chattenkriege im östlichen Hessen	
85/90		Obergermanien wird römische Provinz Anlage des Odenwald- und Neckarlimes mit zahlreichen Kastellgründungen im mittleren Neckarland	Kastell Köngen Kastell Walheim
		Romanisierung des Neckarlandes	Rottenburg Villa von Hechingen-Stein
98/117	Regierung des Trajan	Verwaltungsmäßige Aufgliederung des Provinzgebietes	

100		Gründung der Civitas Ulpia Sueborum Nicretum mit Lopodunum-Ladenburg als Vorort	Marktbasilika Ladenburg
		Zahlreiche Villengründungen	Villa Oberriexingen Villa Pforzheim-Hagenschieß Villa Rosenfeld Villa Wiesenbach-Herrenwald
		Eindringen des Mithraskultes durch Händler und Kaufleute	
117/138	Regierung des Hadrian	Sicherung des Limes mit einer Palisade	
138/161	Regierung des Antoninus Pius	Vorverlegung des Limes auf die Linie Miltenberg-Lorch bzw. in das Remstal	Kastelle Aalen, Buch, Lorch, Mainhardt, Osterburken, Rötelsee, Schirenhof, Walldürn, Welzheim
167 u. 177	Markomannenkriege		
Ende 2./Anfang 3. Jh.		Sicherung des Limes durch Wall und Graben in Obergermanien, durch eine Steinmauer in Raetien	Limes Grab Limes Dalkingen Limes »Mahdholz« Limes Rotenbachtal

		Romanisierung des Landes bis zum Limes	Steinbruch Steinheim Villa Bad Rappenau, Lauffen a. N., Oberkochen, Rommelshausen, Weinsberg
		Heiligtümer des Mithraskultes	Riegel
		Heiligtümer gallo-römischer Tradition	Stuttgart-Rotwildpark
		Jupitergigantensäulen in Gutshöfen	Hausen/Zaber
211/217	Regierung des Caracalla		
213		Feldzug gegen die Alamannen von Raetien aus	Limestor Dalkingen
259/260		Zurücknahme des Limes an Rhein und Donau Aufgabe der rechtsrheinischen Gebiete und Zerstörung der Kastelle und Zivilbauten	
Ende 3. Jh.		Ausbau des Donau-Iller-Limes	Isny
		Alamannen besiedeln rechtsrheinische, von den Römern verlassene Gebiete	1. Besiedlung Runder Berg
364/375	Regierung des Valentinian I.	Ausbau der Rheingrenze	Kastell Breisach-Münsterberg
367		Valentinian I. hält sich in Breisach auf	
um 500	Frankeneinfälle	Aufgabe des Runden Berges	
7./10. Jh.		Erneute Besiedlung des Runden Berges	

Objektbeschreibungen

Aalen, Ostalbkreis

Kastell, Limesmuseum

Der Weg zum Limesmuseum (Nähe Stadthalle) und dem unmittelbar angrenzenden Kastell ist in der Stadt ausgeschildert.

Das Kastell von Aalen, die zwischen 150 und 160 n. Chr. erbaute größte Garnison am vorderen Limes, lag auf einem nach Nordosten hin abfallenden Hang. Kocher- und Aaltal konnten von hier aus ebenso eingesehen werden wie Sauerbach- und Remstal. Zum 4 km entfernten Limes am Kocherhang bestand dagegen keine Sichtverbindung. Das Kastellgelände ist bis auf den zentralen Bereich vollständig überbaut.

Außer dem ▶ Westtor mit zwei Durchfahrten wird in Aalen das ▶ Stabsgebäude des Kastells konserviert. Der Eingangsbereich, eine zunächst aus Holz, später aus Stein errichtete, 20 m hohe Halle, überspannte die Hauptstraße des Kastells. Vorspringende Zungenmauern, die bei anderen Stabsgebäuden selten nachzuweisen sind, flankierten die sich auf die Straßen und damit zum Haupt- bzw. den Seitentoren hin öffnenden Zugänge. Ein weiteres Tor führte zu dem großen Innenhof des Gebäudes, in dem außer einem Brunnen in der Südostecke Bassin und halbrundes Monument eines kleinen ▶ Quellheiligtums freigelegt wurden. Es war wohl den Nymphen oder Quellgottheiten geweiht.

An der Nord-, Süd- und Westseite führte ein Umgang um den Innenhof, an den sich im rückwärtigen Gebäudeteil weitere Räume anschlossen. Einige von ihnen, wie die Räume 8 und 10, waren heizbar, andere, wie die Räume 5 und 6, hatte man nachträglich verkleinert. Der schmalrechteckige Raum 7 führte als Pforte vom Umgang direkt ins Freie.

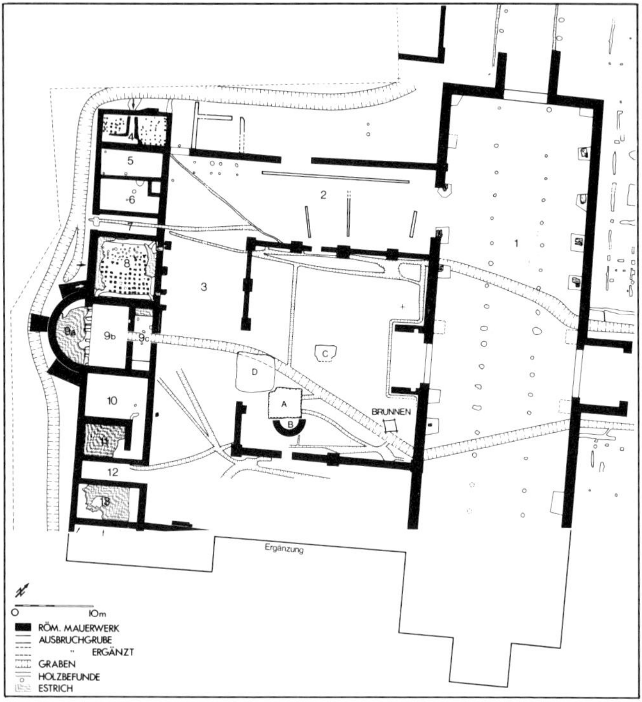

Abb. 1. Kastell Aalen. Grundriß des Stabsgebäudes. 1 Vorhalle, 2, 3 Hallen um den Innenhof, 4–8, 10–13 Schreibstuben und Versammlungsräume, 9a–c Fahnenheiligtum

In dem zentralen Raum des Stabsgebäudes, dem mit einer Apsis versehenen Raum 9, standen Kaiserbild und Feldzeichen der Einheit. Von der im darunterliegenden Keller aufbewahrten Truppenkasse fanden sich nur noch vereinzelte Münzen. An der Außenseite der Apsis verhinderten drei Stützpfeiler das Abrutschen des Raumes in dem anstehenden, feuchten Tonboden.
Ganz in der Nähe des Kastellgeländes ist in der Johanniskirche wiederverwendetes ▶ römisches Baumaterial zu sehen. Die erst 1973 freigelegten Steine zeigen deutlich wie massiv man Kastellmauern und Gebäude errichtet hatte.

Abb. 2. Blick in das Limesmuseum in Aalen

Auf dem Gelände des Aalener Kastells - der Name der Stadt geht auf die hier stationierte Einheit, eine Ala, zurück - bietet das Limesmuseum einen hervorragenden Überblick über den Limes in Deutschland und das Heerwesen der Römer.
Öffnungszeiten: Di-So 10-12, Mi, Sa und So auch 14-17 Uhr.

Aichtal-Neuenhaus, Kr. Esslingen

Grabhügel
Zwischen Waldenbuch und Neuenhaus finden sich auf dem Betzenberg mehrere Grabhügelgruppen. Von ihnen ist ein sehr gut erhaltener ▶ Hügel von 3,5 m Höhe und fast 30 m Durchmesser deutlich getrennt. Er liegt 2 km südwestlich von Neuenhaus in dem Waldstück »Hinterer Mönchswald«.
Die Kuppe dieses Hügels erscheint leicht abgeflacht. Zu erkennen sind hier Spuren alter Grabungen, von denen keine Berichte vorliegen. Da es auch keine Funde aus diesen Hügeln gibt, können sie zeitlich nicht genauer datiert werden. Der größte, wohl auch die bedeutendste Bestattung enthaltende Grabtumulus wur-

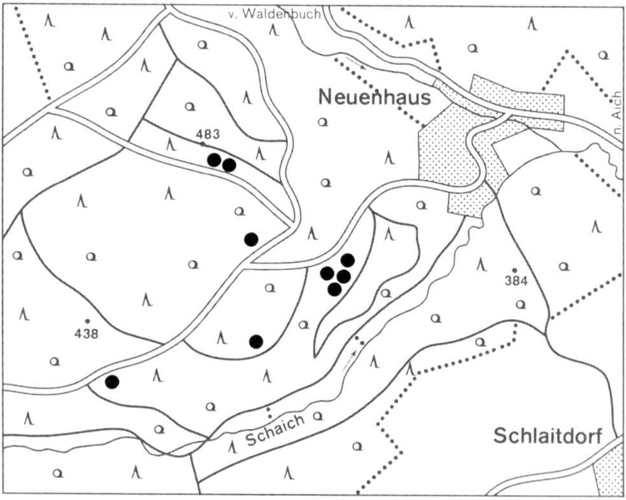

Abb. 3. Aichtal-Neuenhaus. Grabhügelgruppen

de deutlich von den kleineren Grabhügeln und der Grabhügelgruppe entfernt angelegt, was auch sonst häufig zu beobachten ist.

Albstadt-Laufen a. d. Eyach, Zollernalbkreis

Befestigung Gräbelesberg

Über dem Eyachtal erhebt sich der bis zu 914 m hohe Gräbelesberg, ein natürlich ausgebildeter Bergsporn der Hossinger Alb. Das an Ost-, Nord- und Westseite steil abfallende Gipfelplateau von 5 ha ist nur im Süden durch einen Sattel mit der Albhochfläche verbunden, den ein ▶ doppeltes Wall- und Grabensystem sperrt.

Der äußerste, heute regellos verstürzte ▶ Wall C war aus unterschiedlich großen Kalkbruchsteinen in Trockentechnik, d. h. ohne Mörtelbindung, aufgeführt. Von der Mauer mit sauber gesetzter Außenschale sind innerhalb des Versturzes noch zwei Steinlagen erhalten. Wall und vorgelagerter Graben beginnen direkt an der östlichen Hangkante und enden nach einem stumpf-

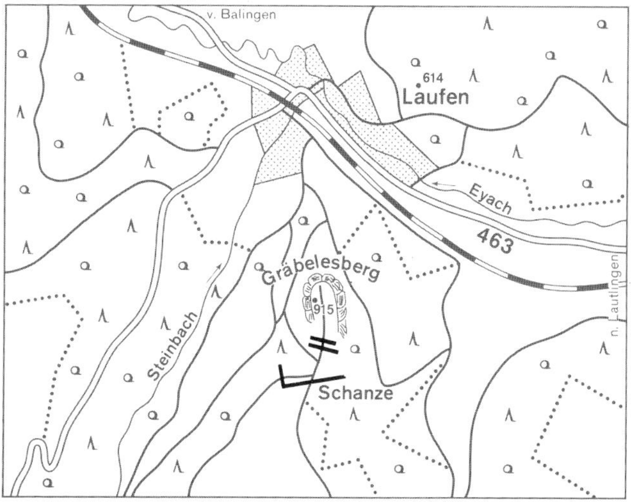

Abb. 4. Albstadt-Laufen. Der Gräbelesberg mit seinen Befestigungen

Abb. 5. Blick auf den Gräbelesberg bei Laufen

winkligen Knick an der Westseite bereits vor dem Bergabfall. An dieser Stelle muß der Zugang gesucht werden. Eine innerhalb des befestigten Areals entspringende Quelle sicherte wohl schon in früheren Zeiten die Wasserversorgung der gesamten Anlage. Unmittelbar nördlich der schmalsten Stelle riegelt eine Befestigung außer dem 40 m breiten Sattel die gesamte 150 m breite Südseite ab. Hinter dem 2 bis 3 m tiefen Außengraben erhebt sich ein 9 m hoher, an der Südseite bis in die Hangkante geführter ▶ Wall B, dessen innere Böschung zu einem zweiten, 2,5 m tiefen Graben abfällt. Der dahinter aufgeschüttete ▶ Wall A sitzt direkt an der Hangkante, so daß die Kronen beider Wälle fast die gleiche Höhe erreichen. Beide Wälle bestehen aus verstürzten Kalkbrocken, die von den vermutlich durch Holzeinbauten verstärkten Trockenmauern herrühren. Ein bisher nicht gesichertes Tor dürfte auf der Höhe des Sattels dort zu suchen sein, wo auch der moderne Weg auf die Berghöhe hinaufführt. Reste eines erst um

die Mitte des vorigen Jahrhunderts abgegangenen Hofes sind nördlich von Wall A unschwer zu erkennen.
Funde aus der Hallstattzeit lassen vermuten, daß die innere Bergfläche schon während des 7. bis 5. Jh. v. Chr. befestigt wurde, eine Riemenzunge aus dem 7. Jh. n. Chr. belegt Aus- und Umbauten während des Mittelalters.

Allensbach-Hegne, Kr. Konstanz

Grabhügelfeld
Das Grabhügelfeld liegt 1,2 km nordnordwestlich von Hegne an der Nordspitze des Wilhelmsberges, einem langgestreckten Moränenhügel. Im Norden sind, deutlich von den anderen Hügeln abgesetzt, die beiden größten ► Grabhügel angelegt worden. Bei einem Durchmesser von jeweils 20 m betragen ihre erhaltenen Höhen 2,6 bzw. 2 m. Diese beiden Hügel sind früher bereits geöffnet worden, ohne daß ausführlich darüber berichtet worden wäre. Auch Funde sind nicht eindeutig zuweisbar, obwohl im Rosgartenmuseum in Konstanz hallstattzeitliche Scherben des 7. bis 5. Jh. v. Chr. aus den Grabhügeln bei Hegne aufbewahrt werden.

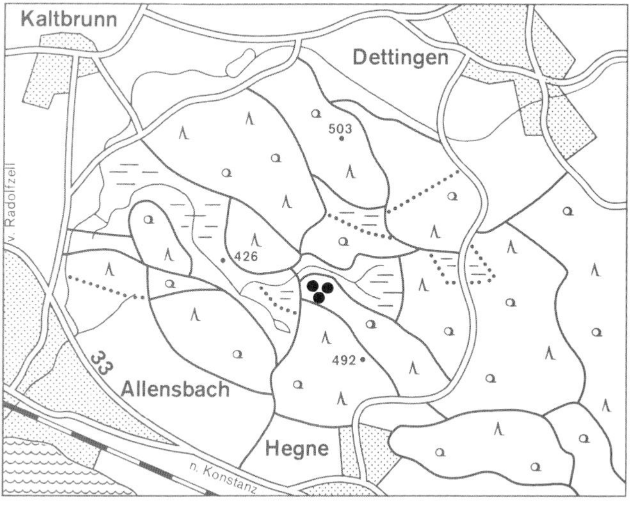

Abb. 6. Allensbach-Hegne. Das Grabhügelfeld

Die kleineren Hügel sind nicht auf der Kuppe selbst angelegt, wie man eigentlich erwarten möchte, sondern entlang dem Kuppenrand aufgereiht. Bei Durchmessern von 5 bis 11 m schwankt die Höhe zwischen 0,3 und 2 m. Südlich des Grabhügelfeldes ist eine fast viereckige, ca. 0,6 m erhöhte Fläche zu sehen, deren Seitenlängen 30 m betragen. Sie könnte von einem begonnenen, aber nicht fertiggestellten Grabhügel stammen.

Allensbach-Kaltbrunn, Kr. Konstanz

Grabhügel
Der mit 35 m Durchmesser und 4 m erhaltener Höhe mächtigste ▶ Grabtumulus liegt im Gewann »Heidenbühl«. Er wurde 1864 auf Wunsch von Großherzog Friedrich von Baden untersucht. Insgesamt 18 Körpergräber hatte man in der Hügelschüttung angelegt. Die Funde - prächtig verzierte Keramikgefäße, ein Brustschmuck mit Elfenbein und Koralle - stammen aus der jüngeren Hallstattzeit (6.-5. Jh. v. Chr.).

Abb. 7. Der imposante Grabhügel bei Allensbach-Kaltbrunn

Altenburg → Jestetten

Abb. 8. Altheim-Heiligkreuztal. Die keltische Viereckschanze

Altheim-Heiligkreuztal, Kr. Biberach

Keltische Viereckschanze

In dem ehem. Klosterwald »Ruchenholz« südlich von Altheim-Heiligkreuztal liegt auf dem nördlichen Ausläufer einer flachen Landzunge zwischen Nuß- und Soppenbach vor feucht-moorigem Gelände eine guterhaltene ▶ Viereckschanze.

Die große, mit 101 bzw. an der Westseite 108 m Seitenlänge fast quadratische Viereckschanze zeigt die charakteristischen überhöhten Wallecken. Die Differenz zwischen der leicht eingefüllten Grabensohle und der Krone des aus seinem Aushub angeschütteten Walles beträgt noch bis zu 2,8 m. Vor dem einzigen Tor im westlichen Drittel der Westseite führte eine Holzbrücke über den die Anlage vollständig einschließenden Graben. Nördlich und südlich der 2,5 m breiten und 8 m tiefen Torgasse flankierten zwei kleine, nicht sicher zu rekonstruierende Gebäude den Zugang. Auch bleibt unklar, ob der Torweg selbst gedeckt oder offen war. Die aus der Schanze geborgenen Funde gehören in die Spätlatènezeit, römisch ist ein Ziegel aus der Torgasse.

An die große Schanze schließt sich nach Norden zu eine zweite,

deutlich kleinere Anlage an, von der die flachen Nord-, West- und Ostwälle recht gut zu erkennen sind. Da der Südwall beim Ausheben der großen Viereckschanze abgetragen wurde, ersetzte sie die kleine, demnach ältere Anlage.
Die Viereckschanzen datieren nach den spätkeltischen Funden ungefähr in das 2. und 1. Jh. v. Chr., wurden offenbar aber auch in römischer Zeit weiterbenutzt. Ob damals allerdings noch die einheimischen Kulte ausgeübt wurden oder ob die Römer die Anlagen zu anderen Zwecken benutzten, ist nicht geklärt.

Asperg, Kr. Ludwigsburg

Hohenasperg
Der Hohenasperg, ein Zeugenberg des Gipskeupers, überragt die fruchtbare Lößlandschaft der Umgebung um 100 m. Unter der mittelalterlichen Renaissancebefestigung liegt ein Fürstensitz der späten Hallstattzeit. Der Machtbereich der hier lebenden Herren hat im Süden wohl das Gebiet zwischen Schwarzwald und Schwäbischer Alb umfaßt, während seine Nordgrenze nicht festgelegt werden kann. Moderne Bebauung hat das 6 ha große Bergplateau mit der Siedlung so weit zerstört, daß kaum noch Aufschlüsse über den Fürstensitz selbst zu erwarten sind. Von der Bedeutung und dem Reichtum der hier residierenden Herren zeugen noch mehrere Großgrabhügel, die vom Hohenasperg aus zu sehen sind. Von den acht nachgewiesenen Gräbern und Grabhügelgruppen gilt der heutige Besuch dem südlich von Asperg auf dem Höhenrücken zwischen der Stadt und Möglingen liegenden Kleinaspergle.

Kleinaspergle
Der hervorragend erhaltene ▶ Grabtumulus war von einem nicht mehr sichtbaren Kreisgraben eingefaßt. Der mächtige Hügel mit der Höhe von 9 m und einem Durchmesser von immerhin 90 m gehört zu den größten Grabhügeln Südwestdeutschlands. Obwohl er auf abenteuerliche Weise untersucht wurde – der Ausgrä-

Abb. 9. Blick auf das Kleinaspergle, im Hintergrund links der Hohenasperg

Abb. 10. Rekonstruktion eines Fürstengrabes aus der Hallstattzeit

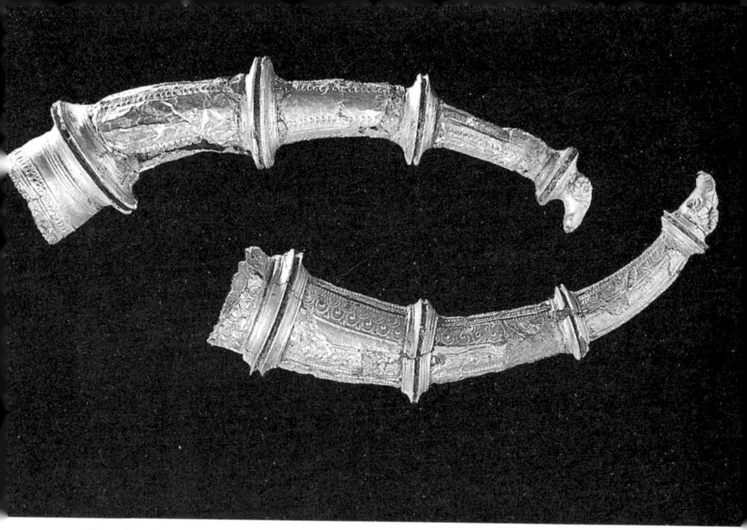

Abb. 11. Endbeschläge von zwei Trinkhörnern aus Goldblech, gefunden im Kleinaspergle

ber legte einen unterirdischen Stollen bis in die Hügelmitte, um von dort aus ringförmig weitere Schnitte voranzutreiben –, konnte in einer 2 × 3 m großen Grabkammer ein reich ausgestattetes Fürstengrab geborgen werden, während sich das Zentralgrab als vollständig ausgeraubt erwies. Zu der prunkvollen Ausstattung, die der Fürst für sein Leben nach dem Tod in das Grab mitbekommen hatte, gehörten neben zahlreichen Schmuckgegenständen auch ein Trinkservice. Es bestand aus einem Bronzekessel, einer Holzschale und einer Bronzeschnabelkanne. In einem aus Etrurien eingeführten Gefäß wurde der Wein gemischt. Von zwei Trinkhörnern haben sich nur die Endbeschläge erhalten, die in Widderköpfen auslaufen und mit Goldblech reichverziert sind.
200 m östlich des Kleinaspergles wurde ein fundleeres Hügelgrab überbaut, zwei weitere sind östlich des Kleinaspergles auf demselben Höhenrücken in den Fluren »Siechenberg« und »Bühl« erhalten. Sie dürften ursprünglich ebenso hoch gewesen sein wie das Kleinaspergle selbst.

Bad Buchau → Federseegebiet

Bad Rappenau, Kr. Heilbronn

Römischer Gutshof

Zufahrt: Von Bad Rappenau/Ortsteil Zimmerhof ca. 1 km in nördlicher Richtung auf der Straße nach Siegelsbach. Die Villa liegt gut sichtbar 100 m östlich der Straße.

Die römische Villa von Bad Rappenau liegt auf dem Südhang des Jungfrauenberges oberhalb des Tiefenbaches. Erhalten ist das ▶ Wohngebäude eines in die 2. Hälfte des 2. Jh. n. Chr. bis in das beginnende 3. Jh. n. Chr. zu datierenden Gutshofes. Die Räume waren, ihrer einstigen Funktion entsprechend, unterschiedlich ausgestattet.

Das vierflügelige Gebäude umschloß einen großen, offenen Hof mit einem kleinen Einbau. Ein überdachter Gang konnte nur vor dem Westflügel nachgewiesen werden.

Die Repräsentationsräume waren im Südflügel der Villa untergebracht. Die große Halle 8 konnte vom Heizraum 9 aus beheizt werden, und die Räume 4, 5 und 8 waren sowohl mit Estrichböden wie auch mit farbig bemaltem Wandverputz ausgestattet. Sicher dienten sie der Familie des Gutsherrn als Wohnräume. Die Zimmer 2, 3, 6 und 7 besaßen ebenfalls einen Estrichfußboden

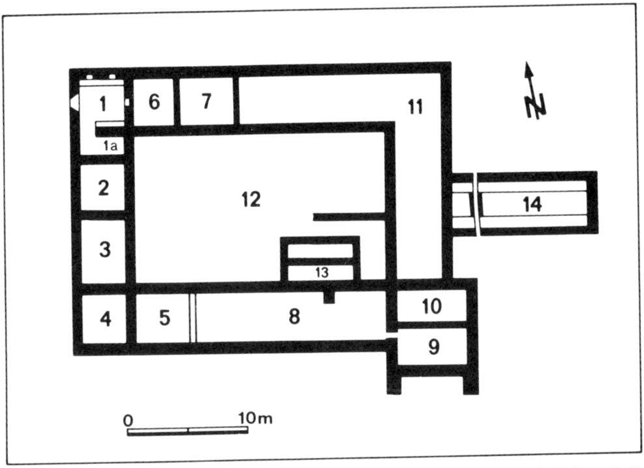

Abb. 12. Bad Rappenau. Wohnhaus eines römischen Gutshofs. 1 Keller, 2–8 Wohnteil, 9 Feuerungsraum, 10, 11, 13, 14 Wirtschaftskomplex, 12 Innenhof

Abb. 13. Blick auf die konservierte Villa in Bad Rappenau

und einen unbemalten Wandverputz, konnten aber nicht beheizt werden. Der ganz schlichte Raum 11 war ein Wirtschafts- und Vorratsraum. Ein fester Fußboden fehlt hier ebenso wie ein Wandverputz. Statt dessen blieb das Mauerwerk sichtbar. Als Küche wurde Raum 14 benutzt. Die im vorderen Teil angelegte Herdstelle sowie der mit Ziegeln ausgekleidete Abflußkanal sind gut erhalten. Die vor den Innenwänden eingezogenen Mauern dienten vielleicht zum Abstellen des Küchengeschirrs. Der im Raum 1 gelegene Keller entspricht mit seinem einfachen Lehmfußboden, dem unverputzten Mauerwerk, dem Lichtschacht sowie den Abstellnischen der üblichen Bauweise römischer Keller. Besonders gut haben sich am Eingang die Schwelle mit dem Türangelloch sowie die Vertiefungen für die Kellerverriegelung erhalten.

Bad Urach, Kr. Reutlingen

Alamannische Siedlung auf dem Runden Berg
Bei Urach liegt auf dem von Westen leicht zugänglichen Runden Berg eine alamannische Höhensiedlung, an die sich im Süd-

westen die in der Frühzeit gleichfalls besiedelte Albhochfläche um die Doline beim Rutschenhof anschließt.
Nachdem die Römer um 259/260 n. Chr. aus den rechtsrheinischen Gebieten abgezogen waren, legten die Alamannen auf dem Runden Berg eine Siedlung an. Welche der auf dem ganzen Plateau nachgewiesenen Pfostengruben zu Hausbauten dieser ersten Periode gehören, ist ungewiß. Luxusgegenstände wie Sigillatagefäße und Münzen fanden sich vor allem in der nordöstlichen Fläche der Kuppe. Dort haben demnach die wohlhabenderen Bewohner von der ärmeren Bevölkerung getrennt gelebt. Eine in den anstehenden Felsen eingesetzte, streckenweise erhaltene Holzpalisade schützte die Siedlung. Sie ist an der Nordseite des Runden Berges von späteren Planierungen völlig zerstört, an der Westseite dagegen nie angelegt worden.
Gegen 500 n. Chr. wurde die Holzpalisade durch eine massive, noch an zwei Reihen von ▶ Pfostenstellungen kenntliche Stein-

Abb. 14. Bad Urach. Der Runde Berg (vorn) aus der Luft gesehen

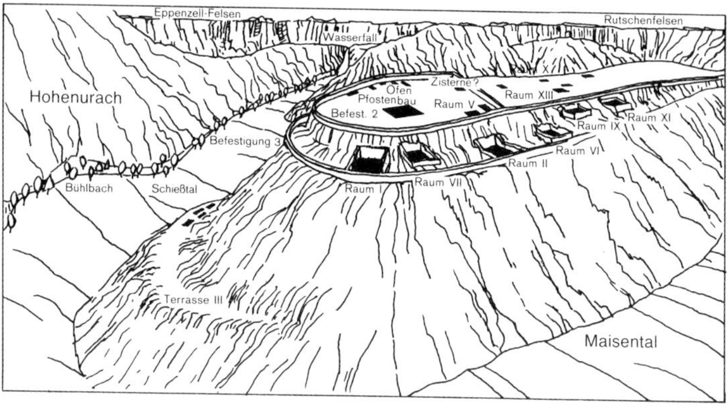

Abb. 15. Bad Urach. Planskizze der ehem. Bauten und Befestigungen auf dem Runden Berg

mauer in Pfostenschlitztechnik ersetzt. Sie umschloß aber nur im östlichen Bergbereich den Sitz eines Adligen, dessen »Hofhaltung« – eben das ummauerte Areal – sichtbar von den sonstigen Bauten abgesetzt werden sollte. Nachgewiesen sind zahlreiche Handwerke wie Eisengewinnung, Schmieden u. a.
Gegen 506 n. Chr. eroberten die Franken den Runden Berg, der für ca. 150 Jahre bis zum 7. bis 10. Jh. n. Chr. nicht mehr aufgesucht wurde. Die jüngere Besiedlung konzentriert sich vor allem auf die Spitze des Bergplateaus. Das nun wesentlich vergrößerte und bis in den Hang hinein ausgedehnte Siedlungsareal umschloß eine 1,5 m breite Steinmauer. Außer in den Felsen gehauenen Grubenhäusern zeichneten sich Pfosten- sowie in Hangnähe Steinbauten ab. Der Grundriß eines im östlichen Plateaubereich errichteten ▶ Hallenbaus von 20 × 8 m ist im Boden markiert.

Baden-Baden

Caracalla-Thermen
Zufahrt: Der Weg zur »Römischen Badruine« am Augustaplatz ist innerhalb der Stadt ausgeschildert.
Baden-Baden, das römische Aquae, war wegen seiner Thermalquellen bereits im Altertum ein Kurort, den sogar der römische Kaiser Caracalla 213 n. Chr. aufsuchte, um eine Krankheit auszu-

heilen. Außer den heute zugänglichen ► Baderäumen östlich des Friedrichsbades wurden Thermen zwischen der Stiftskirche und der Höllengasse beobachtet, aber nicht konserviert.
Die fünf Räume liegen fast 1 m unter dem Straßenniveau. Man betrat sie durch den Eingang B. Die Treppenstufen führten aber sicher nicht vom Freien, sondern aus anderen Baderäumen in den langrechteckigen, beheizten Raum A. An ihn schließen sich die ebenfalls erwärmten Räume E und F an. Bei Raum E waren in der Westapsis und an der Nordseite mit Sitzstufen versehene Badebecken eingebaut (E_1 und E_2). Von den nicht vollständig freigelegten Räumen G und H konnte nur Raum G beheizt werden. In Heizraum D vermittelt das vollständig erhaltene Tonnengewölbe einen guten Raumeindruck. Die massiven Mauern vor dem Heizraum trugen sicher Kesselaufbauten, in denen heißes Wasser zu-

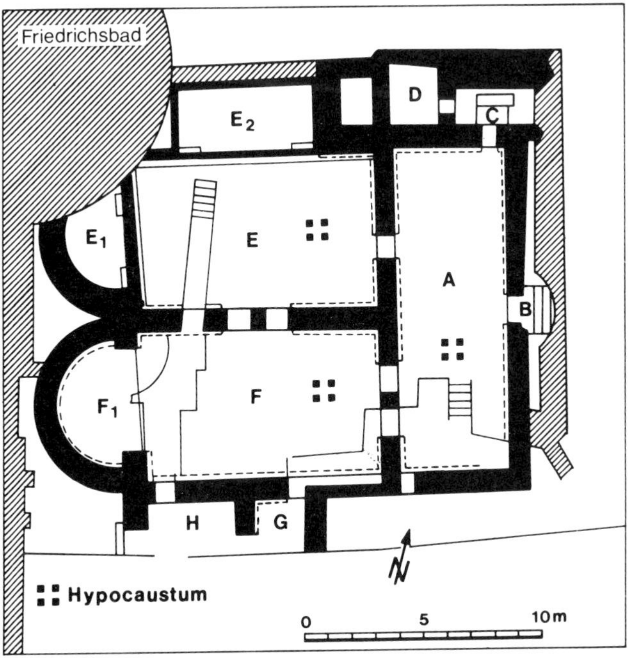

Abb. 16. Baden-Baden. Teil einer Badeanlage (konserviert). B alter Eingang, D Heizraum, E Warmbad, F Laubad, A Schwitzbad

Abb. 17. Blick in die begehbare Badeanlage in Baden-Baden

bereitet wurde. Den kleinen Raum C betritt man durch einen modernen Mauerdurchbruch. Ein aus Bruchsteinen aufgemauerter Abwasserkanal führte im Bogen unter ihm hindurch und mündete vielleicht in einen größeren, sorgfältig erbauten Kanal, der auf einer längeren Strecke östlich des Bades unter dem Römerplatz nachgewiesen ist.

Die Räume gehörten zu einer nicht vollständig untersuchten Badeanlage. Es ist deshalb schwierig, ihre Funktion zu bestimmen, zumal es sich vielleicht um ein Heilbad handelte, das nicht unbedingt dem üblichen Bauschema römischer Bäder zu entsprechen brauchte.

Der an den Heißraum anschließende Raum E muß als Warmbad benutzt worden sein, der weiter entfernte und deshalb nicht mehr so heiße Raum F als Übergangsraum. Da es in Raum A keinen Wasseranschluß gab, der Raum aber direkt vor der Heizung lag, ist er als trocken-heißes Schwitzbad anzusehen. Raum C diente vielleicht dem Badepersonal als Aufenthaltsraum.

Baden-Baden war Hauptstadt einer größeren Bezirksgemeinde, deren genaue Ausdehnung unbekannt ist. Der Ort hieß wie andere römische Heilbäder zunächst einfach »Aquae« (Wasser), erhielt aber später, vielleicht erst während des 3. Jh. n. Chr., den Beinamen »Aurelia« oder »Aurelianensis«.

Thermalbad

Zufahrt: Die ► Ruinen sind unterhalb des Markgrafenbades in den Kurpark einbezogen. Gegenüber der ev. Kirche, 100 m hangabwärts, sind sie von oben her (Südseite) einsehbar. Die Nordmauer ist vom Kurpark her zu sehen. Wegen der noch nicht abgeschlossenen Überlegung, die Ruine durch einen neuen Schutzbau abzusichern, ist die Anlage für den allgemeinen Publikumsverkehr nicht geöffnet.

Die durch zahlreiche An- und Umbauten sehr komplizierte Baugeschichte der Heilthermen von Badenweiler kann hier nur in großen Zügen dargelegt werden. Die teilweise bis zu 2 m hoch erhaltene Ruine liegt an einem Hang unterhalb der durch nicht erhaltene Röhren direkt in die Badebecken geleiteten Thermalquellen. Sie waren der Göttin Diana Abnoba heilig.

Abb. 18. Badenweiler. Blick auf Badebecken C mit den Stufen

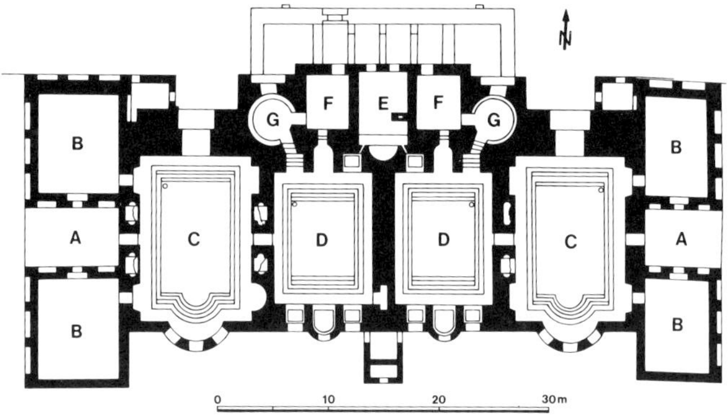

Abb. 19. Badenweiler. Plan der römischen Thermen. A Vorhalle, B Auskleideräume, C, D Baderäume, F Schwitzbäder, E Heizraum, G Kaltbäder

Den Thermenbau beherrschen vier große Wasserbecken. Sie sind zu zwei Ost- und zwei Westbecken gruppiert, getrennt durch eine Mauer in der Mitte. Die Raumabfolgen sind auf beiden Seiten gleich, wobei der westliche und der östliche Trakt nicht miteinander verbunden, sondern wie zwei getrennte Bäder nebeneinander errichtet waren.

Von der vermutlich überdeckten Vorhalle (A) kam der Besucher in die Auskleideräume (B), wobei der nördliche Auskleideraum eine Fußbodenheizung hatte. In das Becken des ersten Baderaumes (C, D) führten Stufen, von denen eine rund um das Becken verlief. Auf ihr konnte man sich in das Thermalwasser setzen. Die Räume D hatten außerdem noch Einzelbäder. Da eine Fußbodenheizung fehlte, hat die Temperatur des Thermalwassers zum Baden ausgereicht. Von den Räumen D aus konnte der Badende auch in die Schwitzbäder (F) gehen, die von Raum E beheizt wurden. Die Räume G waren vermutlich Kaltbäder. Aus den nach Norden leicht abgesenkten, teilweise mit Kalksteinplatten verkleideten Becken floß das Abwasser durch die erhaltenen Bleirohre (sichtbar in Raum B) direkt in den großen ► Drainagegraben, der das ganze Bad auf der Ost-, Süd- und Westseite umzog. Der gesamte mittlere Gebäudeteil war von großen Tonnengewölben überdeckt. Im westlichen Vorraum wurde ein Altar der Diana

Abnoba gefunden, der genau in die Mittelnische der Südfront der Thermenanlage paßt. Vermutlich dienten die Vorräume zur Aufstellung von Votivgaben.

Bettmauer → Isny

Blaubeuren, Alb-Donau-Kreis

Brillenhöhle

Die ▶ Brillenhöhle verdankt ihren Namen zwei Durchbrüchen in der Decke, die vom Höhlenboden aus betrachtet an eine Brille erinnern. Sie wurde offenbar in der jüngeren Altsteinzeit (35-10000 v. Chr.) nur während des Sommers von Menschen bewohnt und diente im Winter Tieren, vor allem Höhlenbären, als Unterschlupf. Ihre Knochen waren in den Kulturschichten zahlreich vorhanden.

Innerhalb der Höhle konnten zwei kleine Steinräume nachgewiesen werden, die die Jäger vor der stets in der Höhle herrschenden

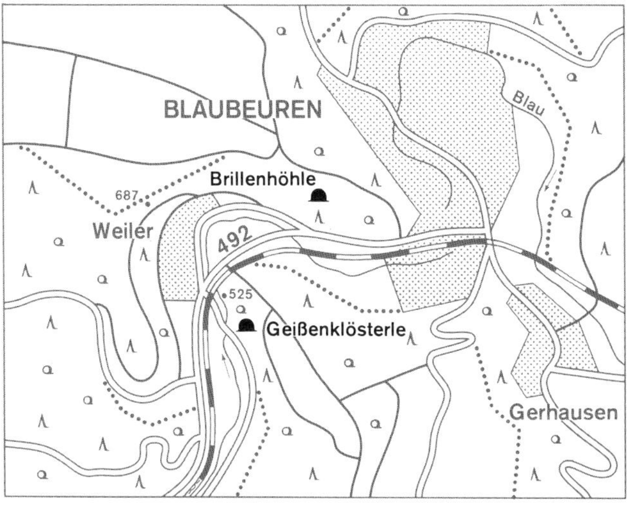

Abb. 20. Blaubeuren. Brillenhöhle und Geißenklösterle

Zugluft schützen sollten. Sicherlich waren diese kleinen Unterschlüpfe auch leichter zu heizen als der gesamte Höhlenraum. Den Platz für das große, in der Nordostecke an die Felsenwand angebaute Steinhaus hat man sorgfältig ausgewählt, denn er ist der trockenste in der ganzen Höhle. Die Steine, die zwei Männer gerade noch transportieren konnten, waren nicht bearbeitet, aber so ausgewählt, daß sie senkrechte Flächen besaßen, die man leicht aufeinanderschichten konnte. Als Decke dienten über die Steinwände gespannte Tierhäute. An mehreren Stellen gleichzeitig unterhaltene Feuer erwärmten den Raum.
Ein kleiner Steinbau von 5 m^2 Grundfläche aus schweren Felsblöcken stand dagegen frei in der Höhlenhalle direkt unter den Deckendurchbrüchen. Dieser Platz war zwar hell, aber sicher auch sehr kalt. Da Feuerstellen innerhalb des Baues fehlen, lagerten hier vielleicht Vorräte, etwa gedörrtes Fleisch. Beide in das Gravettien, eine von ca. 23000 bis 20000 v. Chr. reichende Phase der Altsteinzeit, datierte Bauten gehören zu den ältesten bekannten Hüttengrundrissen.

Geißenklösterle
Als Geißenklösterle wird eine sich zum Achtal hin öffnende ▶ Felsengruppe bezeichnet, die auf halber Höhe des 100 m hohen, steil abfallenden Achtalprallhanges liegt. Der vordere Teil der 8 m langen, in der rückwärtigen Felsenwand liegenden Höhle ist schon vor der Altsteinzeit eingestürzt. Am Ende gabelt sich die Höhle in zwei Gänge, von denen der linke wieder zu einem Ausgang ins Freie führt. Die jüngeren Schichten sind gestört, da der Boden in der Neuzeit planiert wurde.
Die ältere Besiedlung der Höhle datiert in die Jahre 32000 bis 30000 v. Chr. (Aurignacienzeit). Die sich damals hauptsächlich von der Jagd ernährenden Menschen hinterließen außer vielen Knochenresten mit Bearbeitungs- und Schnittspuren auch zahlreiche aus Gagat und Elfenbein gefertigte Schmuckstücke. Plastische Schnitzereien wie kleine Mammutfigürchen verraten eine hervorragende Naturbeobachtung.
Zum Zeitenmal wurde die Höhle in der Zeit um 23000 v. Chr. (Gravettien) bewohnt. Interessant sind auch hier die zahlreichen Schmuckstücke aus Mammutelfenbein, die nach ihrer Lochung zu Ketten aufgereiht oder an Kleidungsstücken befestigt waren. Waffen und Werkzeuge wurden dagegen aus Jurahornstein (Radiolarit) gefertigt.
Die Menschen der damaligen Zeit stellten als Jäger vor allem Wildpferd, Rentier und Mammut nach. Jedes Beutetier wurde

Abb. 21. Geißenklösterle. Mammutfigur aus der Zeit um 30 000 v. Chr.

vollständig verwertet: Fett und Fleisch dienten wie das Knochenmark als Nahrung, aus den Sehnen wurden Fäden und Schnüre gedreht, das Fell verarbeitete man zu Kleidung und Zelten, aus Elfenbein wurden Waffen, Geräte und Schmuck geschnitzt, aus Knochen ebenfalls Waffen sowie Werkzeuge. Außerdem benutzte man sie als Brennmaterial.

Bopfingen, Ostalbkreis

Befestigungsanlage auf dem Ipf
Mit 210 m Höhe ragt der Ipf, ein Zeugenberg aus Weißjura-Schichtgestein, weithin sichtbar auf. Der markante, durch natürliche Steilhänge hervorragend geschützte und nur von Osten her leicht zugängliche Berg war schon in der Jungsteinzeit (Neolithikum) und der frühen Bronzezeit besiedelt. Das 3 ha große Hochplateau hat aber erst zwischen 1000 und 500 v. Chr. während der Urnenfelder- und der Hallstattzeit die ▶ Befestigung erhalten.
Beim Aufstieg passiert man zunächst den auf einer natürlichen Hangterrasse errichteten äußersten Wall, eine Trockenmauer mit senkrechten Holzpfosten in Vorder- und Rückfront. Im Süden nur noch eine leichte Geländestufe, ziehen Wall und davor ausgehobener Graben nördlich des Weges gut ausgeprägt an einem

Abb. 22. Bopfingen/Ipf. Blick auf den Ipf mit seinen vorgeschichtlichen Befestigungsanlagen

Trichter auf halber Hanghöhe vorbei zu einer ähnlichen Grube am nördlichen Bergfuß. Auch der nächste, an eine natürliche Terrasse gelehnte Randwall setzt sich nach Süden zu nur noch als leichte Erhebung fort. Er trifft im Norden oberhalb der im Hang gelegenen Trichtergrube auf den äußersten Befestigungswall.

Nach Osten zu wird das Gipfelplateau von einem Zwischenwall gesichert, dessen Basis aus gewachsenem Boden besteht. Das Material für den äußeren Randwall, eine holzversteifte Trockenmauer, wurde aus dem Innengraben gebrochen. Der später niedergebrannte Wall hat vor allem im Westen und Norden noch eine beachtliche Höhe, während sich der oberste Randwall kaum noch über die Innenfläche erhebt. Eine im Hang nur schwach erkennbare, beiderseits von Eintiefungen begleitete Befestigung setzt im Norden am äußeren Randwall an und führt zu der Trichtergrube am Bergfuß.

Die drei ► Trichtergruben - zwei am nördlichen Hangfuß, eine auf halber Höhe des Berges - sind trotz ihrer Größe künstlich angelegte, die Wasserversorgung sicherstellende Brunnen. Ihre Sohlen reichen bis zu den Quellhorizonten zwischen Braunem und

Weißem Jura hinab. Da der höchstgelegene Schacht nur zeitweilig Wasser führte, legte man den großen Brunnen außerhalb der Befestigung erst nachträglich an. In den sich nach oben trichterförmig erweiternden Zugängen gelangte man auf schmalen, auch für Tiere begehbaren Pfaden zum Wasser hinab.
Das auf dem Ipf von einer griechischen Vase gefundene Fragment deutet auf einen wohl im 6. Jh. v. Chr. hier vorhandenen hallstattzeitlichen Fürstensitz. Die zugehörige Grabhügelgruppe mit 50 Bestattungen ist vom Ipf aus in nordwestlicher Richtung bei Bopfingen-Kerkingen zu sehen. Die heute stark verflachten ► Hügel wurden nach Ausweis der Funde in der mittleren Hallstattzeit angelegt.

Brackenheim-Hausen a. d. Zaber, Kr. Heilbronn

Jupitergigantensäule
Zufahrt: Die Kunststeinnachbildung der Jupitergigantensäule steht am nördlichen Stadtrand bei der Kelter.
In Hausen ist die Kopie einer fast 8 m hohen ► Jupitergigantensäule aufgestellt, die in einem römischen Gutshof gefunden wurde. Die einzelnen Bruchstücke der absichtlich zerstörten Säule lagen zusammen mit anderen Fragmenten in einer Grube. Jupitergigantensäulen wurden dem höchsten römischen Gott in seiner Eigenschaft als Herr über das Wetter errichtet. Sie bestanden aus verschiedenen Teilen.
Auf einer durch Hohlkehlen reliefierten Basisplatte erhebt sich ein quadratischer Sockel. Im Hauptfeld trägt ein Adler mit ausgebreiteten Schwingen einen Eichenkranz, dessen Eicheln gut zu erkennen sind. In abgekürzter Form weiht darin Gaius Vettius Connougus, der Besitzer des Gutshofes, diese Säule »dem besten und größten Jupiter und der Königin Juno«, um sein Gelübde einzulösen. Die übrigen Seiten schmücken Bilder verschiedener Gottheiten. Der nur mit einem Mantel bekleidete Gott Apoll stützt sich auf seinen Bogen und hält einen Pfeil in der linken Hand, während er den Köcher geschultert trägt. Diana, die Göttin der Jagd, entnimmt dem Köcher gerade einen Pfeil. Venus und Vulkan, der Mythologie nach ein Ehepaar, sind zusammen dargestellt. Während Venus nur einen Mantel trägt, kennzeichnen das kurze Gewand, die in Flammen übergehende Kappe, Hammer, Schmiedezange und Amboß Vulkan als Gott des Handwerks.
Es folgt ein achtkantiger, von einem Gesims bekrönter Block. Auf seiner Hauptansichtsseite schwebt eine kleine Viktoria mit Sieges-

Abb. 23/24. Brackenheim-Hausen a. d. Zaber. Die Jupitergigantensäule und die Göttin Diana auf dem Viergötterstein

kranz und Palmzweig nach rechts. Als Gottheiten der Wochentage sind, ohne kennzeichnende Attribute, abwechselnd nach rechts und links gewendet, folgende Götter zu sehen: Saturn (Samstag), Sol (Sonntag), Luna (Montag), Mars (Dienstag), Merkur (Mittwoch), Jupiter (Donnerstag) und schließlich Venus für Freitag. Ihre Reihe beginnt links von Viktoria.

Den aus sechs Trommeln bestehenden Säulenschaft skulptierte man erst, nachdem er aufgerichtet war. Vor den spitzovalen Eichenblättern mit gekerbten Rändern ist jeweils eine Eichel zu sehen. Die gegeneinander versetzten Blätter entsprechen denen des Kranzes vom Basisstein. Im unteren Drittel des Säulenschaftes stehen sie bis zu einem glatt belassenen, wohl bemalten Dekorationsband aufrecht, darüber weisen die Blattspitzen nach unten.

Die Säule endet in einem mit Eierstab, Akanthusblättern und verschiedenen Zierornamenten reich geschmückten Kompositkapitell. Die Ecken der Gesimsplatte tragen Büsten der durch unterschiedliche Frisuren gekennzeichneten Vier Jahreszeiten. Sie sind wie die Wochengötter linksläufig dargestellt. Der Frühling hat volles, mit einem Blütenkranz geschmücktes Haar. Der Kopf der ähnlich frisierten Büste des Sommers ist völlig mit Ähren bedeckt. Den Herbst schmückt ein Äpfel darstellendes Relief. Von der stark zerstörten Figur des Winters hat sich gerade noch der Rest einer den Kopf bedeckenden Kappe erhalten.

Die bekrönende Statuengruppe stellte Jupiter als Gewittergott (Jupiter tonans) dar. In dieser Eigenschaft schwingt er das Blitzbündel drohend in seiner rechten Hand. Unter dem Vorderteil seines galoppierenden Pferdes erhebt sich als Symbol dienender Mächte ein Gigant, über den der Gott hinwegzureiten scheint. Die gesamte Säule war ursprünglich farbig bemalt, so daß die Einzelheiten leicht zu erkennen waren.

Breisach, Kr. Breisgau-Hochschwarzwald

Keltischer Fürstensitz und spätrömisches Kastell auf dem Münsterberg

Der durch Vulkanismus entstandene Bergsporn des Breisacher Münsterbergs, der sich 50 m über den Rhein erhebt, war bereits in der späten Bronzezeit, der Urnenfelderzeit, besiedelt. Im 5. Jh. v. Chr., am Übergang von der Hallstatt- zur Latènezeit, bestand hier ein spätkeltischer Fürstensitz. Damals füllte man eine Bergsenke auf, um das Siedlungsareal zu vergrößern. Außer sich nach unten erweiternden Gruben, die über eine Leiter oder einen

Abb. 25. Breisach. Auf dem Münsterberg ist der Grundriß eines Gebäudes im Kastell mit andersfarbigen Pflastersteinen markiert.

schräg auf die Grubensohle führenden Gang zu erreichen waren, könnte eine Pfostenreihe am Westhang des Münsterberges von der Pfostenschlitzmauer dieser Siedlung stammen. Auch einer nachfolgenden Spätlatènesiedlung können außer Befestigungsabschnitten keine weiteren Bebauungsspuren zugewiesen werden.
Die Römer legten auf dem natürlich geschützten Münsterhügel ein Kastell an, dessen Name Brisiacum schriftlich überliefert ist. Am stark versumpften Oberrhein brauchte der Verkehr nur an natürlich vorgezeichneten Grenzübergängen kontrolliert zu werden. Ein solcher Militärposten war an einer römischen Straße auf dem Münsterberg wohl schon vor der spätrömischen Epoche stationiert.
Wegen der mittelalterlichen Überbauung haben sich vom spätrömischen Kastell im Südteil des Münsterhügels kaum Reste erhalten. Die nicht durch Steilabfälle geschützte Nordseite sicherte eine gerade geführte, mit vorspringenden Rechtecktürmen und einem nach innen gezogenen Torbau versehene Abschnittsmauer. Die wesentlich schwächeren ▶ Umfassungsmauern verliefen

dem Gelände angepaßt am äußersten Rand des Hochplateaus. In die Terrassenwand des Münsterberghotels ist ein Stück dieser Mauer einbezogen, die ebenso wie die Abschnittsmauer an allen Seiten mit Türmen versehen war.
Der ▶ Grundriß des einzigen bekannten Innengebäudes ist auf dem Münsterplatz mit andersfarbigen Pflastersteinen markiert. Die Fundamentmauern des Bauwerks, dessen Funktion nicht geklärt ist, setzen sich im Norden unter dem Rathaus, im Süden unter dem Münster fort.

Buch → Rainau
Büßlingen → Tengen
Buigen → Herbrechtingen

Creglingen-Finsterlohr, Main-Tauber-Kreis

Keltisches Oppidum
Der Burgstall bei Finsterlohr, ein halbinselartiger Bergvorsprung, wird im Norden von der Tauber, im Südwesten von der Schonach

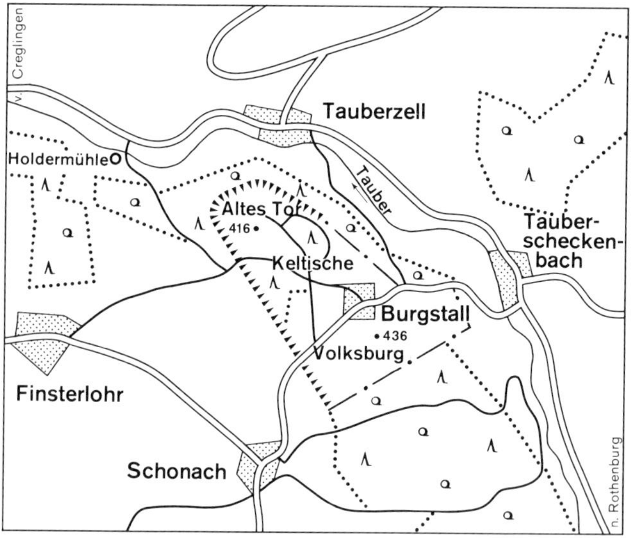

Abb. 26. Creglingen-Finsterlohr. Das keltische Oppidum

Abb. 27. Finsterlohr. Das Tor, das in die keltische Stadt hineinführte (Rekonstruktion)

und im Nordwesten vom Holderbach geschützt und ist nur an der Südwest-Seite über eine Hochebene leicht zugänglich. Dieses Bergplateau befestigte die keltische Bevölkerung während des späten 1. Jh. v. Chr., wobei der besonders gefährdeten Südwestseite sogar ein doppeltes Grabensystem vorgelegt wurde. Heute bezeichnet man eine solche Anlage gern mit dem Begriff, den die Römer für eine keltische Stadt benutzten, als »Oppidum«. Da sich auf der gesamten Hochfläche aber bisher weder Wohnhäuser noch Handwerksgebäude nachweisen ließen, wurde der Burgstall wohl eher als Fliehburg benutzt, den die ländliche Bevölkerung ausschließlich in Zeiten der Gefahr aufsuchte.
Im Gelände zeichnet sich die südöstlich-nordwestlich verlaufende ► Doppelbefestigung als langer, geradliniger Damm ab. Der den Wällen vorgelagerte äußere Graben ist durch die Landwirt-

schaft stark verschleift. Die Doppelbefestigung hört im Norden dort auf, wo der Beginn der steil abfallenden Holderbachschlucht einen zweifachen Schutz nicht mehr nötig erscheinen läßt. Ein weiteres, gut erhaltenes Stück des Dammes liegt oberhalb des Taubertales. Das einzige, zweiflügelige Tor an der West-Seite flankierten die nach innen gezogenen Wallschenkel.
Der Wall selbst bestand in zwei älteren Bauphasen aus Holz-Erde-Mauern. Sie wurden erst während der jüngsten Periode durch eine das ganze Plateau einschließende Pfostenschlitzmauer ersetzt, bei der in regelmäßigen Abständen - er betrug in Finsterlohr 2 m - in den Boden gerammte Pfosten das dazwischen aufgeschichtete Trockenmauerwerk stützen. Die Pfosten selbst sind durch lange Vertikalbalken in der Hinterfüllung verankert. Eine Erdrampe machte die Mauerkrone von innen her leicht zugänglich. Ein Stück dieser ▶ Pfostenschlitzmauer ist neben dem Fußweg Finsterlohr - Creglingen an der langen Südwestbefestigung rekonstruiert. Ausgrabungen an der Südostecke der Anlage zeigen, wo zwischen den sauber gesetzten Teilstücken der Trockenmauern die Holzpfosten vergangen sind.

Dalkingen → Rainau
Degernau → Wutöschingen
Echterdingen → Leinfelden

Ehingen-Rißtissen, Alb-Donau-Kreis

Römische Reliefsteine
Rißtissen war in frührömischer Zeit Standort eines Kastells. Wie auch sonst häufig blieb die bürgerliche Siedlung, die sich neben der Garnison entwickelt hatte, nach dem Abzug des Militärs gegen Ende des 1. Jh. n. Chr. bestehen. Zahlreiche Steindenkmäler lassen darauf schließen, daß die hier ansässige Bevölkerung nicht ganz unvermögend gewesen sein kann.
Sieben römische ▶ Reliefsteine wurden 1784 beim Abbruch in den Fundamenten der älteren Pfarrkirche gefunden. Sie sind heute in der Außenwand der Kirche eingelassen.
Südseite: Votivstein für Jupiter und Danuvius. Die Übersetzung der in das Jahr 210 n. Chr. zu datierenden Inschrift lautet: »Zur Ehre des Kaiserhauses dem besten und größten Jupiter und dem Danuvius nach einem Gelübde des Primanus, Sohn des Secundus. Er hat sein Gelübde froh und freudig eingelöst im Konsulatsjahr des Mucianus und Fabianus.«

Abb. 28. Ehingen-Rißtissen. Das römische Relief »Heimkehr von der Jagd« an der Kirchmauer

Nordseite: Inschriftenstein I N. Er gehörte wohl zu der Bauinschrift eines größeren öffentlichen Gebäudes und ist zu der üblichen Einleitungsformel zu ergänzen: »In honorem domus divinae« (zu Ehren des Kaiserhauses).
Die übrigen Reliefbilder stammen möglicherweise von einem einzigen, turmartig gestalteten Grabmonument und stellen Szenen aus dem täglichen Leben sowie der Mythologie dar. Manche heute nur schwer erkennbaren Einzelheiten waren bei der damals üblichen farbigen Bemalung deutlicher zu sehen.
Südwestecke: Heimkehr von der Jagd. - An der Südseite bringen zwei bewaffnete Männer in kurzen Jagdgewändern ein erlegtes Tier nach Hause, das mit zusammengebundenen Füßen an einer Stange zwischen ihnen hängt.
Auf der Gegenseite trägt ein Mann in kurzem Gewand seinen Jagdspieß, von dem ein Netz herabhängt.
Nordwestecke: Mythologische Szene: Daphne wird in einen Lorbeerbaum verwandelt. Daphne wollte der Werbung Apolls entgehen und bat deshalb die Erdgöttin um Hilfe, die sie in einen Lorbeerbaum verwandelte. Seither gilt der Lorbeerzweig als dem Apoll heilig. - Auf dem Relief ist dargestellt, wie Daphne in den

Baum verwandelt wird. Von rechts eilt eine Freundin der Daphne heran. Auf der Gegenseite sind zwei wesentlich größere geflügelte Eroten dargestellt.
Südseite: Kampfszene. – Ein nach links gewendeter, unbekleideter Krieger mit einem Rundschild kämpft gegen eine wohl menschliche, auf einem Felsen sitzende Gestalt. Von ihr sind nur noch die Beine erhalten. Unter dem Rundschild des Kriegers ist ein Pferd mit Reiter dargestellt.
Nordseite: Szene mit Eroten. – Zwei mit Speeren bewaffnete Eroten haben vielleicht miteinander gekämpft.
Mythologische Szene: Raub des heiligen Dreifußes durch Herakles. Als der Heros, ein Sohn des Zeus, nach einem Mord in Delphi seine Blutschuld sühnen wollte, entwendete er den heiligen Dreifuß aus dem Tempel des Apoll. – Auf dem Relief sitzt links der an seiner Leier kenntliche Gott Apoll. Von rechts eilt eine Gestalt mit wehendem Gewand heran, die in ihrer linken Hand einen Bogen trägt. Zwischen diesen beiden so kontrastierend dargestellten Figuren ist der Dreifuß zu sehen, an dem sich eine Schlange emporwindet.
Römische Funde aus Rißtissen können in dem kleinen Museum in der Kastellschule besichtigt werden.

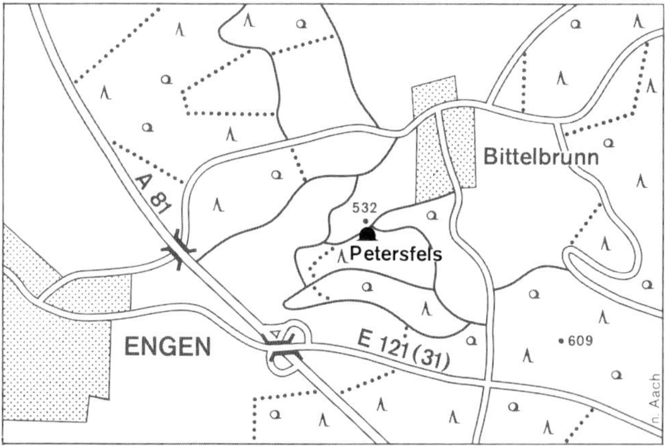

Abb. 29. Engen. Der Petersfels

Engen, Kr. Konstanz

Petersfels

Der Petersfels liegt östlich von Engen im Brüdertal am West-Fuß des 591 m hohen Roßberges. Die ▶ Höhle, deren glatte Wände nur wenige Nischen und Einbuchtungen aufweisen, besteht aus

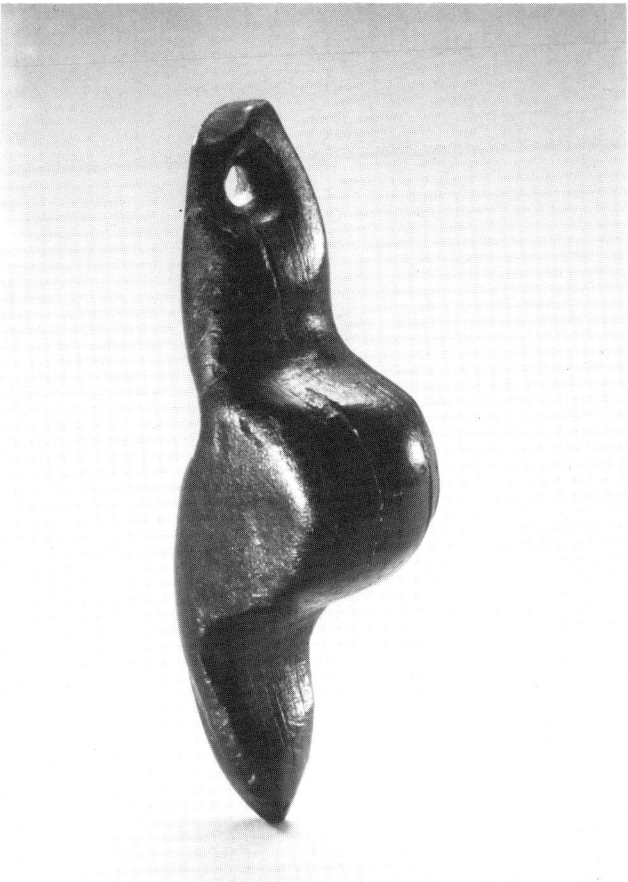

Abb. 30. Eine stilisierte Frauenfigur aus Gagat als Anhänger aus dem Petersfels (Länge 4 cm)

einem einzigen Raum mit einem 5 m breiten Eingang und einer 9 m tiefen und bis zu 3,8 m hohen Halle. Eine zweite Öffnung führte an der Nordwestseite zu einem weiteren, kleinen Vorplatz. Nach Osten zu schließt sich noch ein 9 m breiter Felsüberhang an. Innerhalb der Höhle konnten insgesamt fünf Feuerstellen nachgewiesen werden, an denen mit halbflüssigem Fett Feuer unterhalten wurden. Künstliche Sitzgelegenheiten fanden sich in Form von zwei Steinblöcken nur unter der Nordwestöffnung der Höhle.

Die hier durchgeführten Ausgrabungen brachten eine Fülle von Funden wie Steinwerkzeuge, Knochengeräte und überraschend viele Schmuckstücke und Knochengravierungen zutage. Alles datiert in die als Magdalénien bezeichnete, jüngste Kulturstufe der jüngeren Altsteinzeit (15 000 - 10 000 v. Chr.).

Die Menschen dieser Kulturstufe waren immer noch ihre Wohnstätten häufig wechselnde Jäger und Sammler. Da Höhlenbär und Mammut bereits ausgestorben waren, jagten sie vor allem Rentiere und Wildpferde, deren Knochen in dem Fundmaterial deutlich überwiegen. Im Magdalénien wurden erstmals junge Wölfe in den Lagern domestiziert und wie Haushunde abgerichtet. Vermutlich dienten sie aber gleichzeitig als lebende »Fleischreserve«.

Erkenbrechtsweiler → Grabenstetten

Federseegebiet, Kr. Biberach

Jungsteinzeitliche Ufersiedlungen (»Pfahlbauten«)

Das Federseemuseum Bad Buchau ist während des Sommers (15. 3.-31. 10.) täglich geöffnet von 9-11.30 und 13.30-17 Uhr, während des Winters (1. 11.-14. 3.) nur So 13-16 Uhr.

Das Gebiet um den Federsee gehört zu den bekanntesten Fundstellen der sog. »Pfahlbauten«, die in der Jungsteinzeit (Neolithikum, 4000 v. Chr.) und der späten Bronzezeit (1300 - 800 v. Chr.) errichtet worden sind. Das feuchte Moorgebiet hat dabei vor allem sonst vergangenes organisches Fundmaterial hervorragend erhalten. Besser als sonst sind deswegen die Unterschiede zwischen den einzelnen Kulturabschnitten zu fassen.

Die ältesten, im Südteil des Federseemoores gelegenen Dörfer Aichbühl und Riedschachen sind in der Jungsteinzeit entstanden. Die Häuser waren in Reihen angeordnet. Horizontal angebrachte Schwellhölzer verhinderten, daß sie im Moorboden versanken.

Abb. 31. Rekonstruktion der jungsteinzeitlichen Siedlung Aichbühl

Auf den etwas größeren Vorplätzen vor jedem Haus verrichteten die Menschen damals wohl ähnlich wie heute noch in südlichen Ländern einen großen Teil ihrer täglichen Arbeit. Die Wände der in Pfostenbauweise erstellten rechteckigen Häuser bestanden aus Spaltbrettern und waren auf beiden Seiten mit Lehm verputzt, die Giebeldächer mit Schilf gedeckt. In den zweigeteilten Bauten betrat man zuerst den mit einem Backofen aus Steinen und Lehm versehenen Küchenraum, an den sich ein ebenfalls erwärmbarer Schlafraum anschloß. Die Häuser müssen längere Zeit hindurch bewohnt gewesen sein, denn die Fußböden sind wiederholt höhergelegt bzw. vollständig erneuert. Nachdem die Siedlung vorübergehend verlassen worden war, wurde sie kurze Zeit später noch einmal aufgesucht.
Die Menschen der Jungsteinzeit ernährten sich in dieser Gegend hauptsächlich von Jagd und Fischfang. Dazu wurden Einbäume bis zu 9 m Länge hergestellt, die man vor allem aus Eichenholz brannte. Als Haustiere sind Hund, Schaf und Rind nachzuweisen. Außerdem betrieb man in geringem Umfang in der Nähe des Moores Getreideanbau.

Die bekannteste Siedlung des Federseegebietes, die ▶ »Wasserburg Buchau«, wurde während der Urnenfelderzeit angelegt, dem jüngsten Zeitabschnitt der Bronzezeit. Die hier hervorragend konservierten Baureste sowie der Hausrat sind für unsere Kenntnis von der spätbronzezeitlichen Kultur außerordentlich bedeutsam.
Die Häuser der Siedlung waren im damals schon verlandeten Südteil auf trockenem Moorboden angelegt. Die zunächst vertretene Ansicht, daß diese Ufersiedlungen als »Pfahlbauten« auf einer über dem See liegenden Plattform errichtet worden waren, ist nach den Befunden in der Wasserburg Buchau heftig diskutiert worden. Heute kann als erwiesen gelten, daß bei zeitweilig überfluteten Ufersiedlungen die Böden einzelner Häuser tatsächlich vom Strand abgehoben waren, daß es aber »Pfahlbaudörfer«, wie man sie sich früher vorstellte, nie gegeben hat.
In der älteren Siedlung waren etwa 60 Häuser mit jeweils nur einem Raum in Blockbauweise errichtet, die in kleinen Gruppen um den zentralen Dorfplatz angeordnet lagen. Vielleicht bewohnte jeweils eine Familiensippe solch ein »Viertel«. Das 1,2 × 1,6 m große Siedlungsareal umgab ein Zaun aus Kieferpfählen. Diese aus mehr als 15 000 Einzelpfählen bestehende Palisade kann nur in Gemeinschaftsarbeit von allen Dorfbewohnern errichtet worden sein. Sie läßt auf ein in der späten Bronzezeit geändertes Sozialgefüge schließen.
Das Dorf wurde ebenfalls einmal verlassen, kurze Zeit später aber bereits wieder aufgesucht. Mit noch in Blockbauweise erbauten, dreiflügeligen Häusern, die mehrere Wohnräume mit Herden aus Lehm und Stein aufweisen, entstand eine völlig neue Siedlung. Die großen Gebäude sind von deutlich einfacher errichteten Nebengebäuden eingefaßt. Organische Überreste belegen Jagd und Fischfang. Als Haustiere können Rind, Schaf, Ziege, Schwein, Pferd und Hund nachgewiesen werden. Außer verschiedenen Getreidesorten wie Gerste und Weizen sind schon Äpfel, Haselnüsse, Erdbeeren, Himbeeren sowie Brombeeren gegessen worden. So ist das Bild, das wir uns vom täglichen Leben der Dorfbewohner machen können, außerordentlich anschaulich und vielseitig.
Gegen 800 v. Chr. stieg durch einen Klimaumschwung der Seespiegel erneut an und überflutete allmählich die im Moor gelegenen Ufersiedlungen, so daß die hier lebenden Menschen ihre

Abb. 32. Federseemuseum Bad Buchau. Der aus dem Federseemoor geborgene Einbaum mit Paddel wurde von spätbronzezeitlichen Fischern benutzt.

Dörfer verließen. Als sich der Federsee wieder senkte, überlagerte eine Torfdecke die Reste der jungsteinzeitlichen und spätbronzezeitlichen Siedlungen und konservierte das umfangreiche Material für Jahrhunderte.

Finsterlohr → Creglingen
Fleinheim → Nattheim

Frankenhardt-Oberspeltach, Kr. Schwäbisch Hall

Ringwall Burgberg
Die heute freistehende Hügelkuppe des Burgberges von Oberspeltach war bereits in vorgeschichtlicher Zeit besiedelt. Erhalten haben sich zwei in gutem Zustand um den ganzen Berg herumziehende ▶ Wallanlagen, von einem dritten Gräbchen sind dagegen keine Spuren mehr zu sehen.
Die unterste Terrasse schützte der größte Graben von 5 m Breite, dessen Erdaushub davor zu einem Wall aufgeschüttet wurde. Den Innenrand des Grabens verstärkte eine später abgebrannte Palisade, deren Balkenreste zusammen mit einer starken Holzkohleschicht den Graben aufgefüllt hatten.

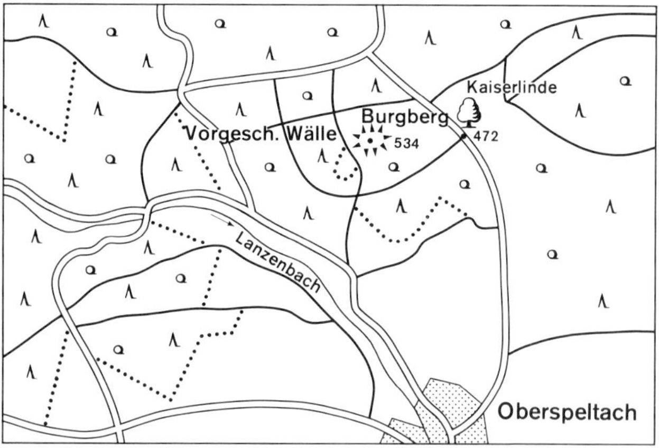

Abb. 33. Frankenhardt-Oberspeltach. Die vorgeschichtlichen Wälle auf dem Burgberg

Den nächsthöheren Absatz sicherte eine Steinmauer mit Holzeinbauten. Auch vor ihr waren ein mit 3 m Breite allerdings schmälerer Graben sowie ein Erdwall angelegt worden. Der Versturz der Steinmauer konnte im Graben festgestellt werden.
Den Gipfel umzog entlang der Hangkante ein in den Fels gehauenes Gräbchen, in das wohl eine Holzpalisade eingesetzt worden war. Wo Tore die einzelnen Befestigungsabschnitte zugänglich machten, ist trotz einer Grabung nicht sicher zu bestimmen.
Auf dem Berggipfel sind in der über dem anstehenden Felsen nur 0,25 m starken Erdschicht keine Siedlungsspuren festgestellt worden. Aus dem Grabensystem stammen jedoch in die Hallstatt- und Latènekultur zu datierende Keramikfragmente. Deshalb ist anzunehmen, daß die Anlage während der Latènezeit im 5. bis 3. Jh. v. Chr. erbaut wurde, obwohl es sonst eher für das Mittelalter charakteristisch ist, daß Grabensysteme direkt im Hang verlaufen. Mittelalterliche Funde wurden bei der Grabung aber nirgends angetroffen.

Geißenklösterle → Blaubeuren

Gomaringen-Stockach, Kr. Tübingen

Grabhügelgruppe der Hallstattzeit

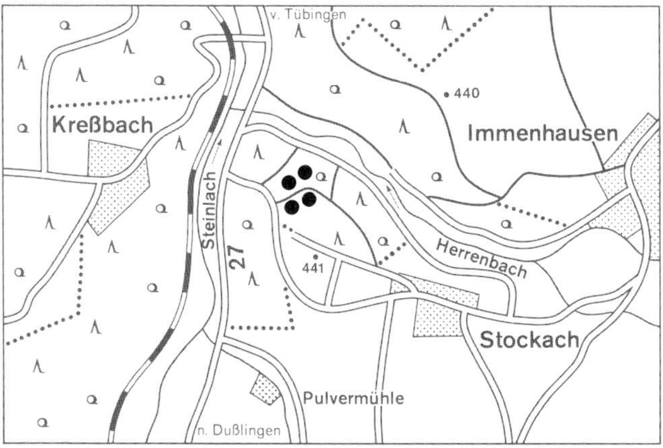

Abb. 34. Gomaringen-Stockach. Grabhügelgruppe

Abb. 35. Eine Nachbildung dieser Stele steht auf dem wiederaufgeschütteten Hügel bei Stockach

Die zwölf nachgewiesenen Grabtumuli liegen auf einem Bergrükken zwischen der Steinlach und dem Ehrenbach. Von ihnen ist heute nur noch etwa die Hälfte zu sehen. Die Durchmesser der

noch sichtbaren ▶ Hügel betragen ungefähr 10 bis 13,5 m, ihre Höhe schwankt zwischen 0,5 und 0,9 m.
Aus dem Grabhügelfeld von Gomaringen-Stockach stammt eine der ältesten ▶ antropomorphen Steinfiguren (Höhe 0,75 m) der Hallstattkultur, für die man den in der Umgebung anstehenden Sandstein verwendet hat. Am stark beschädigten Kopf der Figur waren Augen, Nase und Mund herausgearbeitet. Das auf der deutlich abgesetzten »Schulter« eingetiefte Zick-Zack-Muster soll wohl einen mantelartigen Stoffumhang darstellen. Arme sind nicht angegeben. Die im Grab gefundene Keramik datiert die Stele in die ältere Hallstattkultur (7. Jh. v. Chr.). Sie ist eine der wenigen Arbeiten aus dem gesamten Westhallstattgebiet Mitteleuropas, die zeitlich genauer gefaßt werden kann. Ähnliche, in unmittelbarer Umgebung in → Tübingen-Kilchberg aufgefundene Plastiken von abstrakterer Form dürften etwa zur gleichen Zeit entstanden sein.

Grab → Großerlach

Grabenstetten/Erkenbrechtsweiler, Kr. Reutlingen/Esslingen

Keltisches Oppidum Heidengraben
Nordöstlich von Urach liegt auf der Albhochfläche zwischen dem Neuffener Steinachtal und dem Lenninger Täle die 1662 ha umfassende keltische Anlage »Heidengraben«. Innerhalb der an Nord- und Südseite mit ▶ Wällen und ▶ Gräben abgeriegelten Bergfläche ist die »Elsachstadt«, das 153 ha große ▶ Oppidum, gegen die Hochfläche selbst befestigt.

Die Elsachstadt
Im Norden sichert der 1400 m lange, von einem Seitental des Kaltentales zum Grabenstettener Tal ziehende »Heidengraben« die Siedlung. Er nutzt die Geländegegebenheiten geschickt aus. Der Wall, vor dem man in dem harten Kalk zwei flache Gräben herausgehauen hatte, setzt im Nordwesten direkt an der Hangkante an, der östliche Anschluß an den Abhang ist dagegen durch einen modernen Weg gestört. Zwei in das Innere der Siedlung ziehende Zangentore (A und B) sind kaum noch zu erkennen. Im Osten führte vor dem Grabenstettener Tal eine Abflußrinne durch den Wall, so daß hier die Mauern gegeneinander versetzt waren.

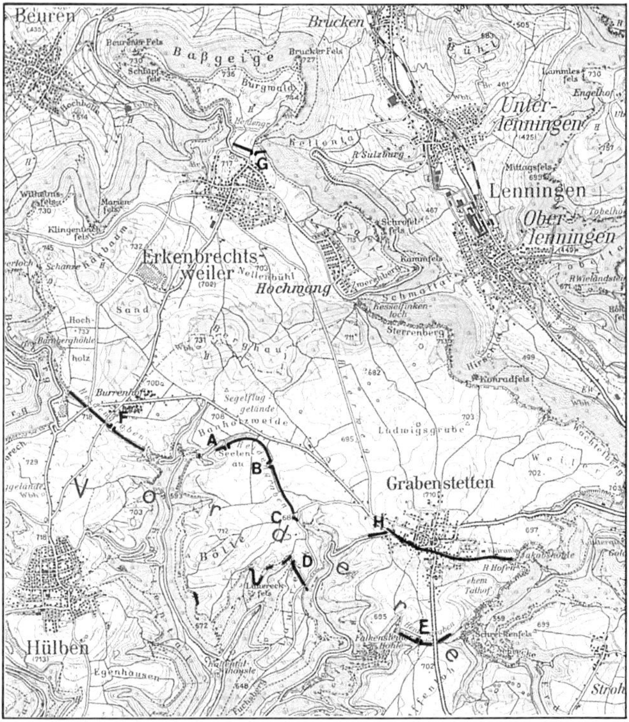

Abb. 36. Der Heidengraben. Die gut sichtbaren Wälle sind eingezeichnet

Ost- und Westflanke der »Elsachstadt« sind nur dort befestigt, wo Steilhänge nicht genügend Schutz boten. Der 350 m lange Wall an der Südwestecke im Gewann »Lauereck« biegt oberhalb des Lenninger Täle nach Norden um und bildet den östlichen Mauerschenkel des Zangentores D. Nach Westen zu setzt er sich bis zum Lauereckfelsen fort. Dieser Abschnitt ist trotz einiger moderner Störungen im Bereich des Lenninger Täle durchweg gut erhalten.

Wie bei dem äußeren Befestigungsgraben waren auch in der »Elsachstadt« die Steinmauern der Wälle ohne Mörtelbindung versetzt. Für den notwendigen Halt sorgten in regelmäßigen Abstän-

Abb. 37. Blick über den Heidengraben aus der Luft

den eingelassene, 0,6 m breite Pfosten, die quer angebrachte Holzriegel im Wallinnern fixierten. Da das organische Material vergangen war, zeigten sich bei Schnitten im Wall nur noch die Pfostenschlitze, in denen die Balken einst gestanden haben. Bei länger bewohnten Oppida unvermeidliche Mauerreparaturen konnten am Wall bisher nicht festgestellt werden. Die Zangentore mit den sich nach außen verbreiternden Torhöfen besaßen zweiflügelige Torbauten aus Holz.

Im Siedlungsareal der »Elsachstadt« hat bisher keine Plangrabung stattgefunden. Streufundmaterial, vor allem Keramik und Münzen, lassen erkennen, daß ihre Bewohner einen regen Fern-

Abb. 38. Heidengraben. Einer der sehr gut erhaltenen Wälle

handel betrieben, der bis nach Böhmen und in das Rhônetal gereicht hat. Zahlreiche Eisenschlacken belegen weiterhin handwerkliche Tätigkeiten im Oppidum selbst.

Der Heidengraben

Die äußeren Befestigungswerke des »Heidengrabens« südlich von Grabenstetten, nördlich von Erkenbrechtsweiler sowie beim Burrenhof erfüllten eine ganz andere Aufgabe: sie sollten vor allem die Zugänge zur Hochfläche sperren. Das wird deutlich, wenn man sich die in allen Wällen eingebauten Zangentore betrachtet. Feinde konnten in den zurückversetzten, nur durch Torwege erreichbaren Zugängen wie in einer »Sackgasse« auf beiden Seiten von den Mauerkronen herab leicht angegriffen werden. Während bei der »Elsachstadt« die Wangen der Tore A, B und D in das Siedlungsareal gezogen sind, springen sie bei den Zugängen E (Grabenstetten), F (Burrenhof) und G (Erkenbrechtsweiler) auf die Hochfläche vor, um die Wege zum Oppidum zu schützen.

Wall und Graben nördlich von Erkenbrechtsweiler sichern die von Beuren im Westen und der Sulzburger Steig im Osten zur Hochfläche führenden Straßen. Während die Befestigungen hier vor allem im westlichen Teil stark verschliffen sind, hat sich das ▶ Zangentor G mit den beiderseits ansetzenden Wallstücken gut erhalten. Diese Toranlage wurde 1980 durch eine Grabung freigelegt und restauriert. Ein Graben fehlte diesem Wallabschnitt offenbar ganz. Der 150 m nördlich dieses Walls verlaufende »Heidengraben« ist wohl nicht in keltischer Zeit, sondern erst während des Mittelalters angelegt worden.

Zwischen dem Neuffener und dem Kaltener Tal sperrt der 1025 m lange »Heidengraben« beim Burrenhof die Hochfläche gegen Hülben zu. Seine fast geradlinige Führung wird nur im Südosten einem leichten Einschnitt im Kaltental angepaßt. Vor allem die östlichen und westlichen im Wald liegenden Strecken sind in gutem Zustand, während der Wall im Osten und Nordwesten teilweise wegen des weiterzuverwendenden Steinmaterials, teilweise bei Straßenverbreiterungen abgetragen wurde. Einem nicht auf der gesamten Länge vor dem Sperrwerk beobachteten Graben entnahm man wohl Stein- und Erdmaterial.

Abb. 39. Heidengraben. Das konservierte Tor G bei Erkenbrechtsweiler

Unterhalb von Grabenstetten verläuft zwischen zwei Talköpfen ein 175 m langer Wall. Das Mittelstück setzt sich an Ost- und Westseite in jeweils am Nordhang der Täler errichteten Flankenwällen fort. Obwohl die Wälle zu Beginn des 18. Jh. noch einmal instand gesetzt wurden, sind die charakteristischen flachen Böschungen der Innenseiten unverändert geblieben. Auch vom Zangentor E, das bis zum Beginn des 19. Jh. den einzigen Zugang nach Grabenstetten flankierte, kann man noch die nach innen gezogenen, auf den Torbau zulaufenden Mauerschenkel erkennen.
Ein zweites Sperrwerk zieht mitten durch Grabenstetten. Im Osten ist der Wall bis auf ein kleines Stück am Nordhang der Hofener Schlucht weitgehend abgegangen. Im Westen begann er oberhalb der Uracher Steige mit einem Randwall. Hier war auch das ebenfalls als Zangentor zu rekonstruierende Tor H eingebaut. Die von ihm gesicherte Straße führte vom südlichen Festungswerk (Tor E) herauf und setzte sich auf der Hochfläche zum Tor G bei Erkenbrechtsweiler fort. Welcher der beiden Wälle eher angelegt wurde, ist nicht geklärt.
Zusammenfassend läßt sich das Oppidum bei Grabenstetten bisher nicht beurteilen, weil es noch nicht großflächig untersucht wurde. Im späten 2. Jh. v. Chr. dürfte es bereits bestanden haben. Da Funde der jüngsten keltischen Zeit fehlen, ist die Siedlung möglicherweise um 50 v. Chr. verlassen worden.
Der Landkreis Esslingen hat um den »Heidengraben« und die »Elsachstadt« ausgeschilderte Wanderwege mit Parkplätzen angelegt.

Gräbelesberg → Albstadt

Großerlach-Grab, Rems-Murr-Kreis

Rekonstruierter Limeswachtturm
Zufahrt: Auf der B 14 von Mainhardt über Großerlach und Erlach nach Grab. Die Limesrekonstruktion mit WP 9/83 erreicht man über einen asphaltierten Forstweg in südlicher Richtung am Ortsbeginn.
Neben dem Limes waren in Sichtverbindung feste Wachttürme aus Holz oder aus Stein erbaut. Ständig mußte hier ein aus vier bis fünf Soldaten bestehendes Wachtkommando stationiert sein, das nach einer bestimmten Zeit von einer anderen, aus dem nächsten Kastell abkommandierten Gruppe von Soldaten abgelöst

wurde. Die Wachtzeit des einzelnen Soldaten betrug jeweils fünf Stunden.
In Grab kann man die bisher einzige Rekonstruktion eines steinernen ▶ Wachtturmes am obergermanischen Limes besichtigen. Den quadratischen Turm mit Seitenlängen von 3,9 m umzog ein Drainagegraben. Aus Sicherheitsgründen lag der Eingang im er-

Abb. 40. Großerlach-Grab. Rekonstruktion eines Steinturms am obergermanischen Limes

sten Stock und war nur über eine Holzleiter zu erreichen, die dann in den Innenraum gezogen wurde.
Jeder Turm besaß drei Stockwerke. Im untersten, fensterlosen Geschoß, das nur von oben durch eine Falltür zugänglich war, lagerten die Vorräte, die die Soldaten für die Dauer ihres Aufenthaltes benötigten. Dazu gehörten Korn, Mehl und Getränke in ausreichender Menge.
Der große Raum im ersten Geschoß diente zum Schlafen, gleichzeitig aber auch als Aufenthaltsraum während der dienstfreien Zeit. Im Gegensatz zu den Holztürmen hatten solche aus Stein große Fenster, die mit hölzernen Fensterläden zu schließen waren. Teile von sorgfältig gearbeiteten Fenstergesimsen oder -stürzen sowie Mittelstützen, bisweilen sogar von Fensterglas haben sich wiederholt gefunden.
Eine hölzerne Treppe führte vom 1. in das 2. Geschoß, das an allen vier Seiten Fenster und eine hölzerne, um den Turm herumführende Galerie besaß, auf der Tag und Nacht ein Soldat patrouillierte und die Grenze beobachtete. Ließ sich Verdächtiges wahrnehmen, wurde durch vereinbarte Licht- oder Rauchzeichen über die benachbarten Wachttürme sofort Alarm an das nächste Kastell gegeben, dessen Kommandant dann die notwendigen Gegenmaßnahmen einleitete.
Der Limes ist 5 m vor dem Turm mit ▶ Palisade, Wall und Graben originalgetreu rekonstruiert.

Hagenschieß → Pforzheim
Hausen a. d. Zaber → Brackenheim

Hechingen-Stein, Zollernalbkreis

Römischer Gutshof
Zufahrt: Der Gutshof liegt an der B 32 am Ortsende von Hechingen/Ortsteil Stein. 200 m Fußweg führen zu der Anlage.
In der Nähe von Stein konnte einer der größten ▶ Gutshöfe Baden-Württembergs ausgegraben werden. Er liegt landschaftlich reizvoll an einem wohl schon in römischer Zeit terrassierten Hang zur Starzach.
Zum Gutshof gehörten außer dem Hauptgebäude ein kleines Bad und zahlreiche Nebengebäude wie Ställe, Scheunen, Gesindewohnungen und Handwerkerbauten. Von den wenigstens acht

Abb. 41. Der restaurierte römische Gutshof mit wiederaufgebautem Eckturm in Hechingen-Stein

nachgewiesenen Bauten sind jedoch nur das Wohnhaus und ein kleines Bad untersucht und restauriert.
Das mehrmals erweiterte ▶ Hauptgebäude zeigt den typischen Grundriß mit zwei unterkellerten Ecktürmen, von denen einer vollständig rekonstruiert wurde und dazwischen gelegener, zum Tal hin offener Säulenhalle. Sie war über eine breite Freitreppe zugänglich. Ein weiteres, zweiflügeliges Tor gab es an der West-Seite des Gebäudes. Da der nördliche Teil des in Originallage erhaltenen Schwellsteines stärker abgetreten war als der südliche, blieb dieser Türflügel wohl meistens geschlossen.
Von den rückwärtigen Räumen an der Nord- und Ostseite (11-18) waren drei (11, 17, 18) heizbar. In dem als Heizraum für Raum 11 benutzten Raum 12 konnte auch das notwendige Brennmaterial trocken gelagert werden. Raum 20 des Innenhofes diente nach der Stützenreihe im Innern des Gebäudes als zweigeschossiger Speicher.
Weil es zu unbequem war, auf dem Weg von der Villa zum ▶ Bad im Freien gehen zu müssen, wurden beide durch einen überdach-

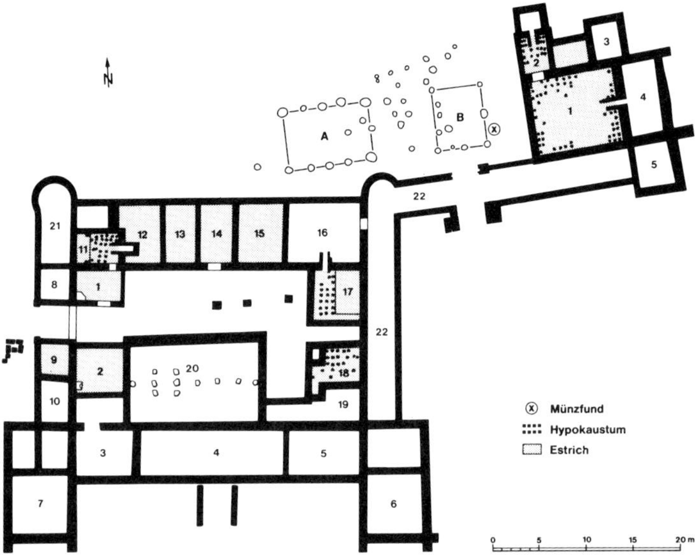

Abb. 42. Hechingen-Stein. Grundriß des Wohnhauses und Bades (rechts hinten) 1, 2, 8–10 Wirtschaftsräume, 6, 7 Eckrisalite, 3–5 Säulenhalle, 11–18 Wohnräume, 20 Speicherbau. Bad: 1 Laubad, 2 Warmbad, 3 Kaltbad, 4, 5 Auskleideräume ?, 22 Säulengang

ten Gang (22) miteinander verbunden. Er war in seinem östlichen Teil mit einer kleinen Toranlage versehen. Der Nische innerhalb des Ganges an der Nord-Ost-Ecke des Hauses entsprach ein gleicher Abschluß an der Nord-West-Ecke von Raum 21. Das Bad bestand aus den drei für das römische Bad wichtigsten Räumen, dem Heiß-, Lau- und Kaltbad. Von der Villa kommend, betrat der Badegast zunächst das hier sicher zugleich als Auskleideraum benutzte Laubad. Sein Heizraum lag im Osten. Vom Laubad aus konnte man sich entweder in das an der Ecke des Bades gelegene Kaltbad oder das Heißbad begeben. Das Heißbad wurde von einem eigenen Heizraum erwärmt. Da Zu- und Abwasserleitungen fehlen, ist mit oberirdisch verlegten hölzernen Deichelleitungen zu rechnen. Raum 5 wurde vielleicht als Latrine benutzt, während in Raum 4 der zum Heizen notwendige Holzvorrat geschützt lagerte.

Es gibt im süddeutschen Raum nur wenige ähnlich aufwendig ausgestattete Villen. Vor allem findet sich ein verbindender Gang

zwischen Wohngebäude und Bad selten. Die architektonisch prachtvolle Bauweise läßt vermuten, daß der Besitzer nicht nur Landwirt war, sondern zugleich in der nicht allzuweit entfernten römischen Stadt Sumelocenna, dem heutigen Rottenburg, eine einflußreiche Stellung als höherer Beamter einnahm.
Der Gutshof wurde vermutlich zwischen 233 und 259/260 n. Chr. zerstört und aufgelassen.
Im wiederaufgebauten ▶ Eckturm der Villa ist heute eine kleine Ausstellung untergebracht. Im Mai 1982 konnte die Anlage als Freilichtmuseum der Öffentlichkeit übergeben werden.

Hegne → Allensbach
Heidenbühl → Nagold
Heidengraben → Grabenstetten
Heidenstein → Schwörstadt-Niederschwörstadt
Heiligkreuztal → Altheim

Herbertingen-Hundersingen, Kr. Sigmaringen

Keltischer Fürstensitz Heuneburg
2,5 km nördlich von Hundersingen tritt die Heuneburg gegen die Donau vor. Ihren Abhang hat der im Tal stark mäandrierende Fluß auf der Länge von 9 km bis zur Höhe von 60 m steil abgearbeitet. Vom Bergplateau aus reicht der Blick bei klarem Wetter über die Moränenlandschaft Oberschwabens bis zur Alpenkette mit Zugspitze und Berner Oberland. Hier befand sich im 6. und 5. Jh. v. Chr. einer der bedeutendsten späthallstattzeitlichen Fürstensitze Südwestdeutschlands.
Die heute rund um den Berg sichtbaren Reste der ▶ Befestigung – ein mächtiger ▶ Außengraben im Westen sowie vor der westlichen Plateaukante ein ▶ Innengraben, der an Nord- und Südseite zugeschüttet ist – sind während des Mittelalters angelegt worden, folgen aber wahrscheinlich in ihrem Verlauf den vorgeschichtlichen Wallanlagen.
Den Fürstensitz umgab eine das ganze Plateau einschließende Mauer, die insgesamt fünfmal nach unterschiedlich langer Zeit erneuert wurde. Viermal hatte man Pfostenschlitzmauern erbaut, bei denen Holzpfosten die dazwischen aufgeschichteten Trockenmauern verstärkten. Nur in einer der ältesten Perioden errichtete ein wohl aus dem Mittelmeerbereich stammender Baumeister nach mediterranem Vorbild eine Lehmziegelmauer. Auf einem

Abb. 43. Herbertingen-Hundersingen. Die Heuneburg an der oberen Donau, in der Hallstattzeit Sitz eines Fürsten

Abb. 44. Heuneburg. Das Handwerkerviertel (Rekonstruktion)

Fundament aus grob zubehauenen Kalksteinen erhob sich die 3 bis 4 m hohe Wehrmauer aus luftgetrockneten Lehmziegeln mit Türmen und einem hölzernen Wehrgang. Gegen Witterungseinflüsse schützte sie ein dicker, regelmäßig erneuerter Kalkverputz. Dadurch hielt die Mauer länger als die während des gleichen Zeitraumes mehrmals erneuerten Innenbauten. Zerstört wurde sie erst durch ein großes Schadensfeuer. Eine solche im keltischen Bereich zunächst überraschende Anlage verdeutlicht jedoch, wie weit die Handelsbeziehungen der Fürsten reichten und welchen innenpolitischen Einfluß sie besaßen, um von ihren Untertanen eine solche Arbeit ausführen zu lassen.
Die zunächst locker über das Bergplateau streuenden Gehöfte mit Wohn-, Speicher- und Werkstattbauten wurden schon bald nach festen Plänen angeordnet, die sich allerdings bei jedem neuen Siedlungshorizont geändert haben.
Offenbar hatte man in den einzelnen Vierteln des Siedlungsareals bestimmte Berufsgruppen zusammengefaßt. So wohnten in der Periode der Lehmziegelmauer an der Süd-Ost-Ecke die Metallhandwerker. Bei nur hier in den Häusern nachweisbaren Einbauten handelt es sich deshalb vielleicht um Rauchabzugskamine. Neben Guß- und Schmiedeabfall wie zerschlagenen Gußtiegeln

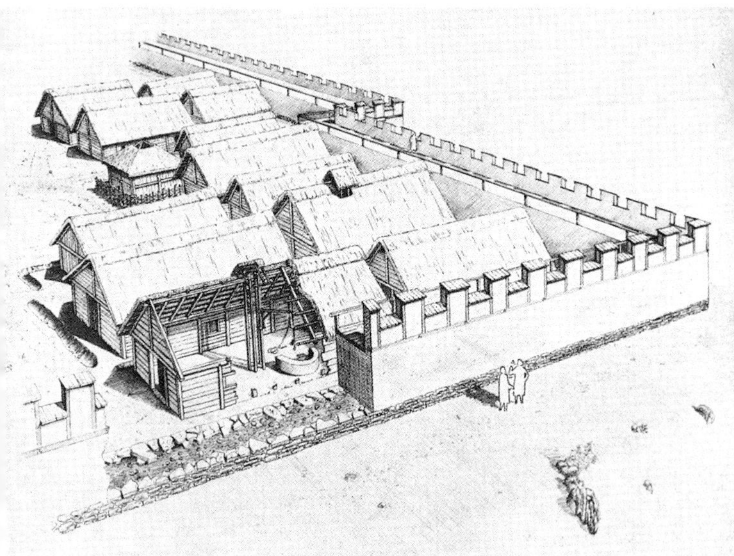

Abb. 45. Kopf eines Silen mit Palmette aus einer tönernen Gußform, hergestellt auf der Heuneburg

oder Gußperlen sind die Bronzeblechbruchstücke interessant, die häufig Verzierungen aufweisen und auf eine Bronzegeschirrindustrie schließen lassen, deren Erzeugnisse bis nach Südfrankreich, Italien und Griechenland verhandelt wurden. Von dort kam dafür Wein in großen Transportamphoren ebenso auf die Heuneburg wie griechische Vasen, die in die Zeit von 540 bis 480 v. Chr. zu datieren sind.

Das Haupttor der Heuneburg lag an der Ostseite über dem Donautal und war durch gegeneinander versetzte Mauerschenkel hervorragend gesichert. Die sich am anderen Donauufer auch heute noch schnurgerade im Gelände abzeichnende ▶ Straße führte zum Bodensee. Wahrscheinlich wurde sie schon von den Händlern und Kaufleuten benutzt, die in keltischer Zeit den Für-

Abb. 46. Heuneburg. Reste von Gefäßen zeigen, daß die Fürsten Handel mit Griechenland trieben.

stensitz aufsuchten, um Importe aus dem Mittelmeerraum gegen die hier hergestellten Produkte und Waren - etwa Bronzegeschirr - einzutauschen.

Erhalten haben sich noch die Bestattungsplätze der Heuneburgfürsten, teilweise größere ▶ Grabhügelgruppen (Gießübel-Talhau), teilweise auch einzeln errichtete ▶ Grabtumuli (Baumburg, Lehenbühl) von monumentalem Ausmaß. Mit fast 80 m Durchmesser und der Höhe von 14 m ist der 2 km westlich der Heuneburg liegende ▶ Hohmichele einer der größten und bekanntesten Grabhügel. Er wurde nach der Ausgrabung wieder aufgeschüttet.

Die Zentralbestattung war antik beraubt. Von der Grabkammer konnten nur noch Holzbohlenreste festgestellt werden. Nach den

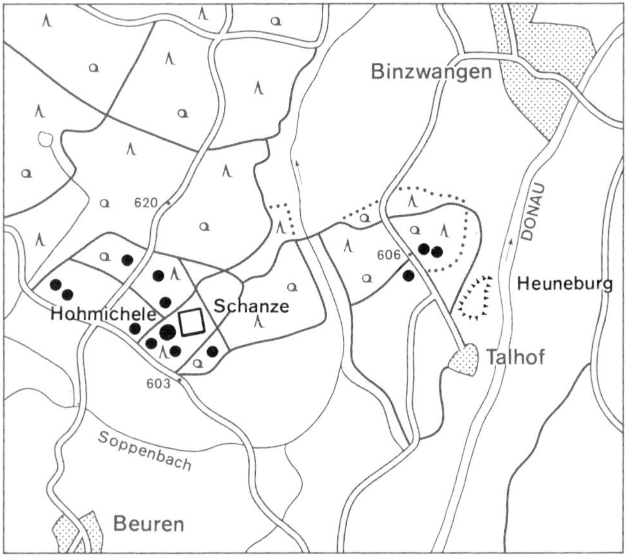

Abb. 47. Herbertingen-Hundersingen. Das zur Heuneburg gehörende Grabhügelfeld mit Hohmichele

Beigaben von einem vierrädrigen Wagen und zahlreichen Glasperlen waren hier offenbar ein Mann und eine Frau bestattet worden.

Aus den nicht besonders reich ausgestatteten, nachträglich in der Hügelschüttung vorgenommenen Brand- und Körperbestattungen ragt ein Kammergrab heraus, das sich 12 m östlich des Zentralgrabes fand. In ihm waren wiederum ein Mann und eine Frau auf einer Decke aus Rinderfell beigesetzt worden. Außer einem vierrädrigen Wagen und einem reichen Kettenschmuck aus Glas- und Bernsteinperlen fanden sich Schale, Kessel und Gefäß aus Bronze.

Im Mai 1985 ist in der Teilgemeinde Hundersingen das Heuneburgmuseum in der ehem. Zehntscheuer des Klosters Heiligkreuztal eröffnet worden. Öffnungszeiten: 15. 3.-31. 10.: Täglich 13-16, So und Feiertag auch 9-11.30 Uhr.

Seit 1980 ist im Zuge der denkmalpflegerischen Arbeiten rings um die Heuneburg ein archäologischer Wanderweg angelegt worden,

Abb. 48. Rekonstruktion eines Grabes aus dem Hohmichele

der als Rundweg in Hundersingen (Donau) beginnt, zum Hohmichele führt, von dort zur Heuneburg weiterläuft und über Baumburg und Lehenbühl zum Heuneburgmuseum in Hundersingen zurückkehrt.

Herbrechtingen, Kr. Heidenheim

Vorgeschichtliche Befestigung auf dem Buigen
Auf dem Buigen bei Herbrechtingen sind mehrere vorgeschichtliche ► Abschnittsbefestigungen erhalten, deren genaue Zeitstellung ohne Funde und eine systematische Grabung vorerst nur ungefähr eingegrenzt werden kann.

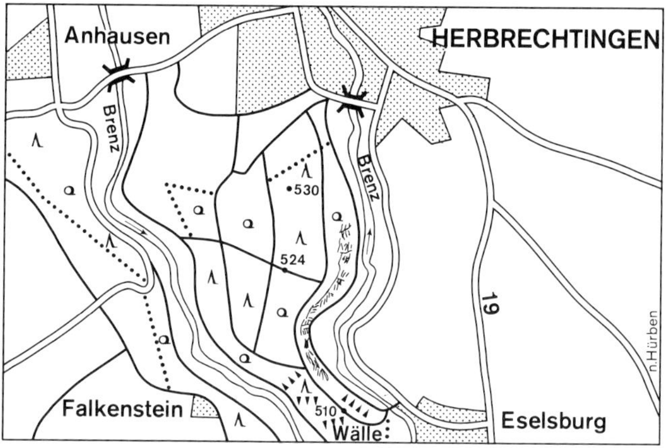

Abb. 49. Herbrechtingen. Vorgeschichtliche Wälle auf dem Buigen

Die Befestigungsanlage mit der Innenfläche von 6,5 ha liegt auf einem von der Brenz umflossenen Bergsporn, dem Buigen. Gegen Norden sichert ein hervorragend erhaltener ► Wall das Plateau, dessen Höhe bei einer Sohlenbreite von 16 m 4,5 m beträgt. In die Steinmauer hatte man Eichenbalken eingezogen, an der Rückseite verliefen zusätzliche Längsbalken. Die Außenfront war nicht mehr zu erkennen. Die hinter der stark verbrannten Befestigung angeschnittenen Siedlungsreste stammen nach den nicht mehr erhaltenen Funden aus der Urnenfelderzeit.
Auf der Westseite ist der Wall bis auf die tieferliegende Hangkante der Innenfläche geführt. Da die Wallkrone abgetreppt erscheint, dürfte auch die Mauer selbst auf diese Weise dem abfallenden Gelände angepaßt gewesen sein. Der davor in den Felsen gehauene, ungleichmäßig breite ► Graben setzt an zwei Stellen aus, an denen auch die Befestigung vorspringt. Ob hier Türme gestanden haben, ist ohne Grabung nicht zu entscheiden. Am Westende des Plateaus führte zwischen Grabenende und Abhang eine Rampe auf die Wallkrone. Den länglichen ► Gruben nördlich des Grabens wurde Material entnommen.
Als zweiter ► Abschnittswall riegelte ein Steinwall, der vor dem Berghang nach Südosten umbiegt und als Randwall um die Plateaukante herumläuft, das äußerste Bergplateau ab. Der davor ausgehobene, offenbar später angelegte ► Graben durchschnei-

det dagegen den sich nach Nordwesten fortsetzenden ▶ Randwall.
Die Befestigung paßt sich deutlich dem Gelände an. So ist der Randwall an der flacher abfallenden Nordostseite mit dem 1,5 m tiefen Graben und dem 2,5 m hohen Wall sehr massiv. An der modern gestörten Nordwestecke zieht er leicht nach innen, ohne daß hier ein Randwall auszumachen ist. Nach Norden zu wird die am südlichen Bergabhang zunächst noch klar erkennbare Befestigung dagegen immer schwächer und endet schließlich in einzelnen Steinanhäufungen. Auch der hier im Hang ausgehobene Graben ist nicht sehr tief.
Die gesamte Befestigung auf dem Buigen dürfte in mehreren Jahrhunderten entstanden sein, ohne daß man vorerst einzelne Abschnitte bestimmten Zeiten zuweisen könnte. So dürfte der wohl urnenfelderzeitliche nördliche Wall während des Mittelalters ausgebessert worden sein. Vorgeschichtlich sind wohl die an der Nordostkante errichteten Wälle.
Nördlich des äußeren Abschnittswalles liegen 1,1 km entfernt vier große Grabhügel, ein einzelner ist südöstlich des Buigen am Abhang zur Brenz zu sehen.

Heuneburg → Herbertingen-Hundersingen
Hohenasperg → Asperg
Hohmichele → Herbertingen-Hundersingen

Hüfingen, Schwarzwald-Baar-Kreis

Römisches Bad
Bei der Hüfinger Therme handelt es sich um ein gegen 70 n. Chr. angelegtes ▶ Bad, das zunächst ausschließlich für die hier stationierten Soldaten erbaut war. Nach dem Abzug der Truppen benutzten es die Bewohner der bis in das 3. Jh. n. Chr. bestehenden Zivilsiedlung »Brigobannis« weiter.
Von dem Heizraum A aus konnten das Heißbad B und das Laubad C erwärmt werden. Gleichzeitig erhitzte man hier auch das für das Warmbad benötigte Wasser. Neben der zwischen Heißbad und Heizraum eingebauten Wanne stand in der halbrunden Apsis ein weiteres, mit kaltem Wasser gefülltes Becken. Es war aus einem Block herausgearbeitet. Der mit gelben und blauen Mosaiksteinchen ausgelegte Fußboden zeigt, wie dekorativ die Bäder ausgestattet waren. Kaltwasserbecken E, über drei Trep-

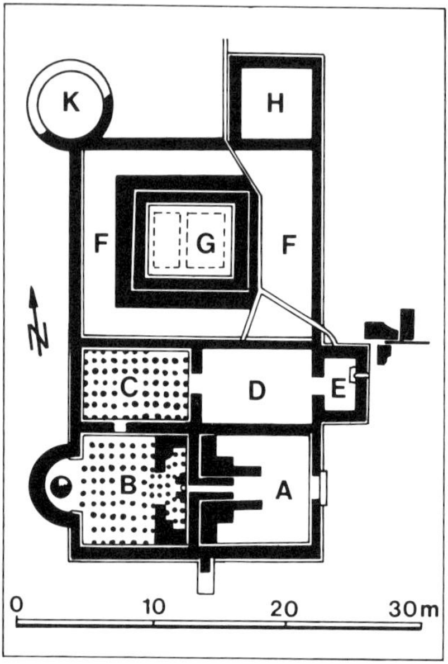

Abb. 50. Hüfingen. Das Kastellbad (restauriert). A Heizraum, B Warmbad, C Laubad, D, H Auskleideraum?, E, F, G Kaltbad, K Schwitzraum

Abb. 51. Das Bad war auch ein Ort der Geselligkeit (Rekonstruktion)

penstufen zu erreichen, sprang über die Außenfluchten des Bades vor. Sein Fußboden war sorgfältig mit einem Ziegelbelag isoliert. Das gebrauchte Wasser wurde aus dem Becken durch einen Kanal abgeleitet. Ein zusätzlicher Stichkanal, der vom Fußboden des Kaltbaderaumes in diesen Abwasserkanal mündete, diente ähnlich wie Abflüsse in Waschküchen dazu, verspritztes Wasser vom Fußboden abzuleiten.
Die nördlich gelegenen Räume H und K sind vielleicht erst nach dem Abzug der Truppen angebaut worden, als das kleine Bad für die Zivilbevölkerung nicht mehr ausreichend Platz bot. Raum G mit einem weiteren Kaltwasserbecken wird als Kaltbad, gleichzeitig aber auch als Auskleideraum benutzt worden sein. Während die Funktion von Raum H nicht klar ist, könnte der Rundraum K vielleicht ein Schwitzbad gewesen sein.
Das Bad wurde schon in der 1. Hälfte des 19. Jh. von Karl Egon II. von Fürstenberg restauriert.

Hundersingen → Herbertingen

Immenstaad, Bodenseekreis

Grabhügelgruppe

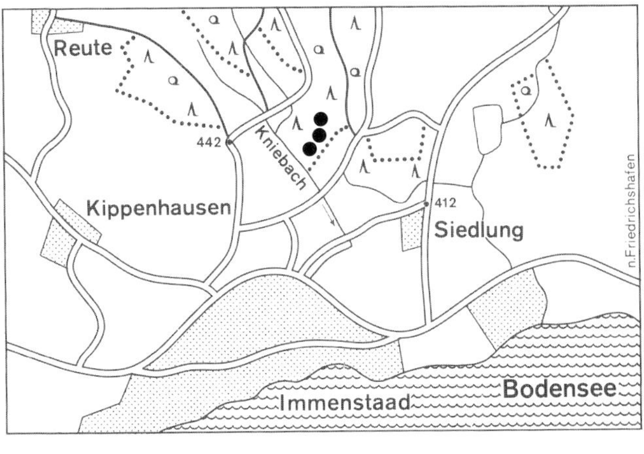

Abb. 52. Immenstaad. Grabhügelgruppe

Nördlich des Kniebaches liegt die aus elf Hügeln bestehende ▶ Grabhügelgruppe von Immenstaad, die zu den wenigen größeren Grabhügelfeldern nördlich des Bodensees zählt. Fast alle Grabtumuli liegen im Hochwald, nur einige der östlichen Gräber sind im dichten Unterholz schwer zu finden. Weitere Hügel lassen sich westlich des Waldes in dem Wiesengelände bisher nicht ausmachen. Systematische Grabungen sind hier noch nicht durchgeführt worden.
Die Durchmesser der Hügel betragen zwischen 15 und 25 m, die erhaltene Höhe reicht von 0,35 m bis zu 1,35 m. Vielleicht sind die flacheren Hügel schon in früheren Zeiten verschleift worden.
Bisher sind keine Funde aus dieser Grabhügelgruppe bekannt geworden, so daß sie nicht sicher datiert werden kann. Nach siedlungsgeschichtlichen Erwägungen gehört sie wahrscheinlich zur Hallstattkultur, die vom 8. bis 5. Jh. v. Chr. im süddeutschen Raum nachzuweisen ist.

Ipf → Bopfingen

Isny/Bettmauer, Kr. Ravensburg

Spätrömisches Kastell
Zufahrt: Von Isny über Kleinhaslach bis zur Straßenkreuzung Rotenbach/Burkwang. Ein Feldweg in östlicher Richtung führt zur West-Ecke des Kastells.
Nachdem die Alamannen um 260 n. Chr. das Gebiet bis zum Rhein besetzt hatten, legten die Römer eine neue, heute als Donau-Iller-Rhein-Limes bezeichnete Grenze an. Zu ihren Befestigungsanlagen gehörte das Kastell bei Isny, dessen antiker Name auf einer Straßenkarte mit »Vemania« überliefert ist. Die 2. Sequanische Reitereinheit, die den Beinamen Valeria trug, war hier während des späten 3. und 4. Jh. n. Chr. stationiert.
Die Garnison liegt auf einem spornartig ausgebildeten ▶ Moränenhügel etwas nördlich der römischen Straße Bregenz - Kempten. Während der Abhang zur Argen im Osten und der nachgeböschte Nordhang genügend Schutz boten, mußten vor der Süd- und der Westseite der Anlage ▶ Gräben ausgehoben werden. Sie waren knapp 6 m von der Kastellmauer entfernt.
Die Garnison nutzte wie viele andere spätrömische Anlagen die Geländegegebenheiten aus und bildete deshalb ein unregelmäßi-

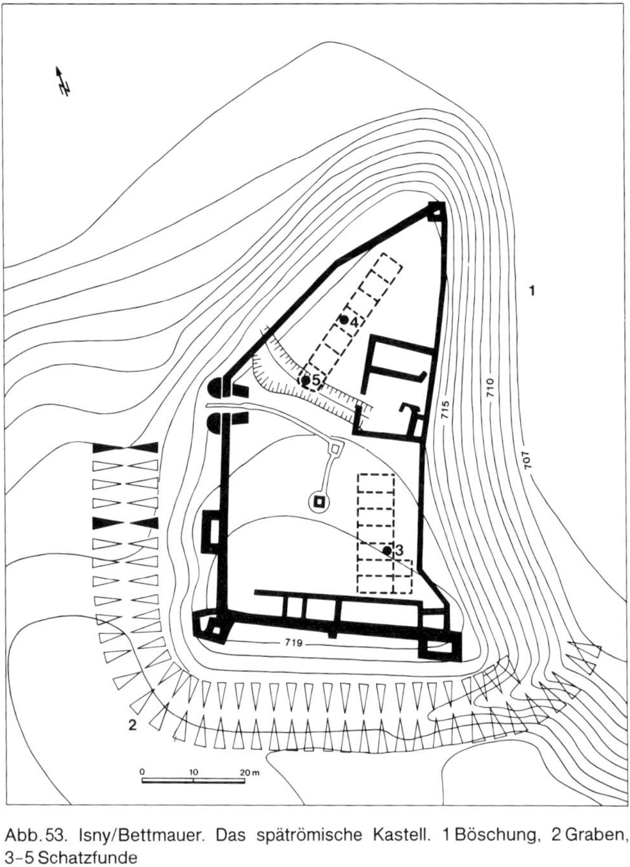

Abb. 53. Isny/Bettmauer. Das spätrömische Kastell. 1 Böschung, 2 Graben, 3–5 Schatzfunde

ges Fünfeck. Auf den Ecktürmen waren wohl Geschütze aufgestellt. Das einzige Tor an der Nordwestseite schützten beiderseits halbrunde Türme. In den Innenraum führende Mauerwangen verengten den Zugang und machten es leicht, ihn zu verteidigen.

Von der bewegten Geschichte des Kastells zeugen mehrere Münzschätze. Die Garnison muß demnach erstmals um

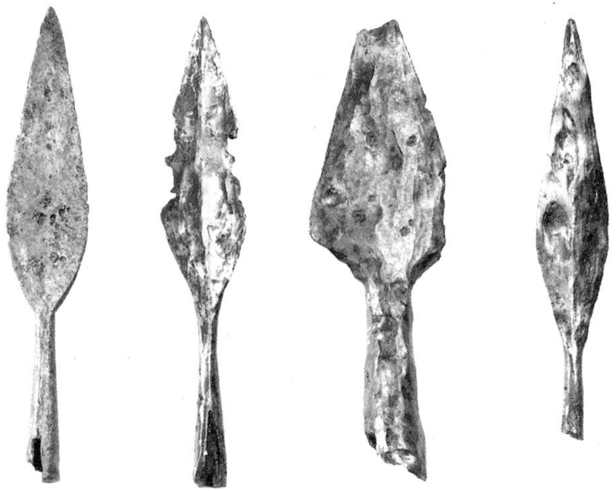

Abb. 54. Spätrömische Geschoßbolzen aus Kastell Bettmauer

280 n. Chr. und bald darauf im frühen 4. Jh. n. Chr. erneut zerstört worden sein. Endgültig aufgegeben wurde sie im frühen 5. Jh. n. Chr., als die politischen Verhältnisse die römischen Kaiser zwangen, allmählich alle Truppen hinter die Alpen zurückzunehmen.

Jestetten-Altenburg, Kr. Waldshut

Keltisches Oppidum
Auf der Landzunge »Schwaben« lag am westlichen Rheinufer an einer alten, aus der Schweiz kommenden, hier den Rhein überquerenden und zum Klett- und Hegau weiterführenden Straße ein keltisches ▶ Oppidum, das von 120 bis 15 v. Chr. besiedelt war. Nach den Handwerksbetrieben wie Töpfereien, metallverarbeitenden Betrieben oder der Glasherstellung und den vielen, aus dem Mittelmeerbereich importierten Gegenständen wie Ölam-

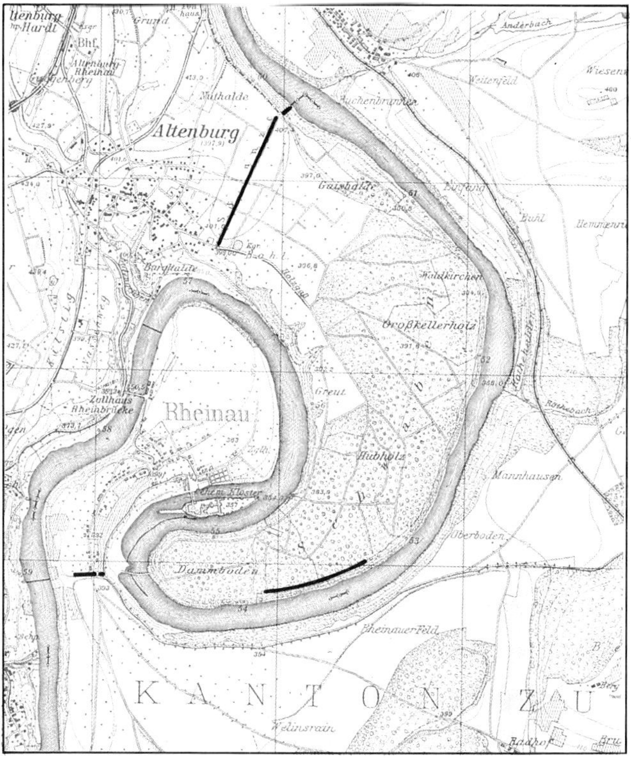

Abb. 55. Jestetten-Altenburg. Die keltische Stadtanlage mit den sichtbaren Befestigungswällen

phoren aus Spanien oder Keramik aus Italien muß der Ort ein bedeutendes Handelszentrum gewesen sein.

Nach Norden zu riegelte ein 750 m langer, heute noch östlich von Altenburg eindrucksvoll erhaltener ▶ Befestigungswall die Halbinsel und damit die Siedlung vollständig gegen das Hinterland ab. An der nach außen gerichteten Feindseite sicherte eine Steinmauer den Erdwall, von der ein ▶ Teilstück rekonstruiert worden ist. Zwischen horizontal eingerammten Holzpfählen waren in der für Pfostenschlitzmauern charakteristischen Technik ohne Mörtel versetzte Steinlagen aufgeschichtet. In Altenburg gelang dabei

Abb. 56. Altenburg. Stierköpfchen aus Bronze, gefunden im Oppidum

eine sehr aufschlußreiche Beobachtung: um dem Druck des hinter der Mauer aufgeschütteten Walles standhalten zu können, sicherten drei Queranker jeden horizontalen Holzpflock. Diese Riegel fixierte eine etwa mannshohe Schicht aus Rheingeröllsteinen. Der hinter der Mauer aus kiesigem Boden angeschüttete Wall wurde durch eine sehr kompliziert verlegte Balkenkonstruktion im Innern gestützt. Auf der dem Oppidum zugewandten Innenseite hatte man der Wallkonstruktion eine Holzwand vorgeblendet.

Wenn die Holzpflöcke vermodert waren, konnten Pfostenschlitzmauern kaum ausgebessert werden. Auch in Altenburg ersetzte bald eine in gleicher Weise errichtete Frontmauer die durch Witterungseinflüsse zerstörte, ältere Befestigung.

Knapp 5 m vor dem Wall lag ein heute noch als leichte ► Mulde erkennbarer Graben, von dem aber bisher noch nicht eindeutig feststeht, ob er zu dem keltischen Oppidum gehört oder erst während des Mittelalters ausgehoben worden ist.

Kaltbrunn → Allensbach

Kernen-Rommelshausen, Rems-Murr-Kreis

Römischer Gutshof
Zufahrt: Vom Gasthaus »Lamm« durch die Jägerstraße geradeaus in südwestlicher Richtung zur Anlage.
In Rommelshausen konnten Reste eines verhältnismäßig kleinen römischen Gutshofes nachgewiesen werden. Das ▶ Wohngebäu-

Abb. 57. Kernen-Rommelshausen. Der römische Gutshof während der Ausgrabung

Abb. 58. Rommelshausen. Der restaurierte Keller mit zwei Lichtschächten und fugenverputzter Mauer

de der Anlage ist restauriert. Der Gutshof wurde während der 2. Hälfte des 2. Jh. n. Chr. bewohnt und von der romanisierten Bevölkerung um die Mitte des 3. Jh. n. Chr. verlassen. Nachdem die Alamannen das Gebiet spätestens um 259/260 n. Chr. in Besitz genommen hatten, wurde er nicht zerstört, sondern zumindest vorübergehend von den Eroberern bewohnt.

Das älteste, schlichte Gebäude bestand nur aus der Reihe der hinteren Zimmer sowie den beiden vorspringenden Eckräumen, von denen der westliche vielleicht heizbar war. Später wurde zwischen ihnen der ▶ Keller eingebaut. Es ist gut zu erkennen, daß die Mauern nicht ineinander einbinden, sondern eine deutliche Fuge bilden.

Ein schräger, rechtwinklig abknickender Zugang führte in den Keller. Wie sich aus den hier gefundenen Holzkohleresten ergibt, war er ursprünglich mit einer Holztreppe verkleidet. Neben der Kellertür ist in der linken Wand eine mit Holz verblendete Nische eingebaut. Darin konnten Gegenstände abgestellt werden, während man die Kellertür aufschloß. Von ihrem Holzrahmen haben sich beiderseits des Ganges in den Wänden breite, aber nicht sehr

tiefe Aussparungen erhalten. Der Schwellstein befindet sich in der originalen Lage.
Den heute nur noch aus einer Sandschicht bestehenden Kellerfußboden hatte früher ein Belag aus Holzbohlen abgedeckt, der verbrannt ist. Vor der Südwand des Kellers war ein Sandstreifen ausgespart. So konnten als Vorratsgefäße verwendete Amphoren in den Boden gedreht werden. Bei dem sichtbaren Quadermauerwerk der Kellerwände fehlt auf dem Wandverputz der sonst übliche rote Fugenstrich. Zwei Säulen, deren Basissteine erhalten sind, trugen die hölzerne Kellerdecke. Die Nischen zu beiden Seiten des Kellereingangs waren ebenfalls mit Holz verkleidet.

Kilchberg → Tübingen

Kirchzarten-Burg, Kr. Breisgau-Hochschwarzwald

Keltisches Oppidum Tarodunum
Zu den großen keltischen Städten gehörte das östlich von Freiburg liegende ▶ Oppidum Tarodunum. Dieser schriftlich über-

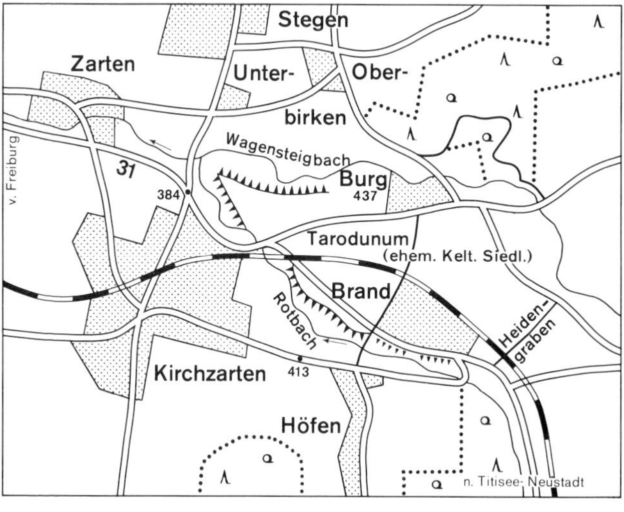

Abb. 59. Kirchzarten-Burg. Das keltische Oppidum Tarodunum

lieferte Name hat sich nach sprachwissenschaftlichen Untersuchungen in den Ortsnamen Zarten und Hinterzarten sowie dem Zartenbach erhalten.
Das befestigte Siedlungsareal von insgesamt 190 ha liegt auf einer ► Schotterterrasse im Ostwinkel des Zartener Tales über den Talauen des Wagensteigbaches im Norden und des Rot- oder Höllbaches im Süden. Beide Gewässer vereinigen sich etwas unterhalb der West-Spitze von Tarodunum zur Dreisam.
Die offensichtlich weitgehend künstlich abgeböschten Terrassenränder sind mit einer an mehreren Stellen untersuchten Randbefestigung verstärkt. Vor der breiten, rampenartigen Hinterschüttung zeigte sich überall eine aus unbehauenen Geröllsteinen errichtete Frontmauer ohne Holzeinbauten, die stellenweise eine sauber gesetzte Innenschale besaß. Dieser ► Maueraufbau ist beim Birkenhof gut sichtbar.
Befestigt wurde das Oppidum mit dem 700 m langen, stumpf abgewinkelten »Heidengraben« im Osten dort, wo sich die Terrasse talaufwärts fortsetzt. Die heute stark verschleifte und im Gelände kaum noch sichtbare Mauer besaß nach den zahlreich gefundenen Nägeln ein Holzrahmenwerk. An der Knickstelle des »Heidengrabens« lag als einzige Toranlage von Tarodunum wohl ein Zangentor. Von ihm aus könnte ein Weg zu einem allerdings erst im Mittelalter ausgebauten Gebirgsübergang geführt haben. Schmale Pfade an den Steilhängen führten nur zu den Talauen und Flüssen hinunter, von denen Wasser auf die quellenlose Hochfläche gebracht werden mußte. Bisher sind außer einem vermutlich römischen Gehöft nordöstlich vom Hof Brandenburg keine Bebauungsspuren der keltischen Siedlung nachgewiesen.
Zahlreiche Fragen zu diesem Oppidum sind bisher nicht beantwortet. So kann man vor allem die einzelnen Abschnitte der Befestigung nicht näher datieren. Die Kelten verließen Tarodunum wahrscheinlich, nachdem die Römer im frühen 1. Jh. n. Chr. unter Tiberius das Hochrheintal besetzt hatten.

Kleinaspergle → Asperg

Köngen, Kr. Esslingen

Römisches Kastell und Freilichtmuseum
Zufahrt: Von der B 313 nach links über die Adolf-Ehmann-Straße bis zur Ringstraße, dann über einen schmalen Weg weiter bis zum Römerkastell.

Abb. 60. Köngen. Der schon 1911 vom Schwäbischen Albverein rekonstruierte südwestliche Eckturm des Kastells

Bereits 1911 wurden einer der vier Kastelltürme und ein Stück der beiderseits anschließenden ▶ Kastellmauer des Köngener Kastells durch den Schwäbischen Albverein aufgebaut. Um das Aussehen der Garnison in römischer Zeit anschaulich zu machen, hob man bei dieser ältesten Rekonstruktion in Baden-Württemberg auch den vor dem Kastell verlaufenden ▶ Graben wieder aus.

Abb. 61. Epona, die Göttin der Pferde, aus dem Kastell Köngen

Das Kastell war von ca. 85–90 n. Chr. bis in die Mitte des 2. Jh. n. Chr. belegt. Es trug wie die beim Kastell entstandene Zivilsiedlung den Namen Grinario, der einheimisch-keltischen Ursprungs sein dürfte.
Die Kastellmauer aus Angulatensandstein saß auf einem breiteren Fundament aus demselben Material auf. Ihren obersten Abschluß bildeten von Zinnendeckeln bekrönte Mauerzinnen. Sie boten den Soldaten bei einem Angriff Schutz vor feindlichen Wurfgeschossen. Hinter der Kastellmauer war eine breite Erdrampe angeschüttet, die den hölzernen Wehrgang trug.
An allen vier Seiten überragten ebenfalls mit Zinnen bekrönte Ecktürme die Kastellmauer um die Höhe eines Stockwerks. Ihre oberen Geschosse lagen auf der Höhe des Wehrgangs. Sie erhielten Licht durch zwei rundbogige Fenster, die mit hölzernen Fen-

sterläden geschlossen werden konnten. Im Erdgeschoß des ▶ rekonstruierten Turmes fand sich eine in den Lehmestrich eingetiefte Feuerstelle.

Obwohl namhafte Fachleute an dem Aufbau mitgewirkt haben, sind manche Details zu korrigieren. So sprangen die Ecktürme nicht über die Kastellmauer vor, sondern banden in sie ein. Es ergaben sich deshalb keine Ecken, wie sie jetzt an dem rekonstruierten Turm zu sehen sind. Die Außenfront der aus kleineren Quadersteinen errichteten Kastellmauer überzog ein eierschalfarbener Mörtel. Rot bemalte Fugenstriche deuteten die einzelnen Steinlagen auch über dem Verputz an.

In den beiden Stockwerken des Köngener Kastellturms ist heute ein kleines Museum eingerichtet. Gezeigt werden neben verschiedenen Steindenkmälern aus Grinario zahlreiche in der römischen Siedlung geborgene Kleinfunde.

Im danebenliegenden Freilichtmuseum ist eine Anzahl Kopien von Steindenkmälern aufgestellt, z. B. der Meilenstein von Köngen, die Jupitergigantensäule von Walheim und ein Bronzemodell des Kastells. Das 2,52 ha große Kastellgelände wurde 1985 vom Schwäbischen Albverein, dem Land und der Stadt erworben. Die Umfassungsmauer des Kastells soll jetzt durch eine Hecke kenntlich gemacht, das Stabsgebäude, das Badegebäude und die Lagerstraßen durch Platten markiert werden. Geplant ist auch ein Garten mit Nutzpflanzen aus römischer Zeit, den die Universität Hohenheim anlegen wird. Außerdem wird ein neues Museum gebaut.

Ladenburg, Rhein-Neckar-Kreis

Kastell, Civitasvorort und spätrömischer Burgus

Lopodunum, der Name der späteren, römischen Stadt, läßt einen keltischen Vorläufer vermuten, doch wurden bisher keine Spuren von einer Siedlung, die der römischen unmittelbar vorausging, gefunden. Festgestellt wurde dagegen im unteren Neckarraum eine Vielzahl von Siedlungen der germanischen Neckarsueben, in deren Zentrum die Römer bald nach 70 n. Chr. an einer Neckarschleife ein Holz-Erde-Kastell anlegten (41). Durch Hochwasser angenagt, wurde es schon bald wieder aufgegeben und durch ein neues Kastell (2, 4) ersetzt. Es lag an der römischen Fernstraße Mainz-Heidelberg-Stuttgarter Raum (10). Die sich neben dem Kastell entwickelnde Marketendersiedlung wurde nach Abzug

Martinstor
Neue Anlage
Marktplatz
St. Gallus
Ev. Stadtk
Burgus
Bischofshof
St. Sebastian
Feuerleiterstr
Heidelberger Str
Lopodunumstr
Trajanstr
Ausoniusstr
Kastellweg
Valentinianstr
Römerstr
Neckar
Marktplatz
Gräberfeld
Töpfereien
Ziegeleien
Kalkofen
N
0
50
100 m
1
2
3
4
5
9
10
11
12
13
14
15
16
17
18
19
20
21
22
23
24
25
28
31
32
35
36
37
38
39

der Truppen um 100 von Trajan zur Hauptstadt des Bezirks der Neckarsueben (civitas Ulpia Sueborum Nicretum) erhoben. Die bis zu 40 m langen Holzhäuser dieser Stadt wurden allmählich durch Steingebäude ersetzt, und eine eventuell vom Kaiser gestiftete Marktbasilika mit Forum bildete ihren prachtvollen Mittelpunkt. Auch das in der Ausoniusstraße nachgewiesene, leider total zerstörte Theater (16) und große Badeanlagen (17) zeigen, wie bedeutend Lopodunum als Vorort für die Umgebung, vielleicht sogar für den ganzen rechtsrheinischen Raum war.
Die Stadt hatte offenbar zwischen 233 und 259/60 n. Chr. mehrmals unter Alamanneneinfällen zu leiden: einige nach den ersten Einfällen wiederhergestellte Denkmäler wurden bald darauf ein zweites Mal zerstört. Der größte Teil der Bewohner verließ Lopodunum endgültig, nachdem sich die Römer auf das linke Rheinufer zurückgezogen und bei Alta Ripa/Altrip eine neue Befestigung angelegt hatten. 369 n. Chr. stießen die Römer unter Kaiser Valentinian I. noch einmal bis Ladenburg vor. Aus dieser Zeit hat sich eine kleine Wachstation mit Schiffslände, ein sog. Burgus, erhalten. Dieser blieb aber nur bis zum Ende des 4. Jh. n. Chr. besetzt.
Neben dem Bischofspalast, in dem das sehenswerte Lobdengaumuseum untergebracht ist (geöffnet Sa 14.30–17.30, So 11.00–12.30 und 14.30–17.30 Uhr und nach Vereinbarung), hat man in einem kleinen Freilichtmuseum zahlreiche ▶ Überreste aus Ladenburgs römischer Vergangenheit restauriert.
Die ältesten Baureste finden sich etwa 3 m tief unter der heutigen Oberfläche nördlich der St.-Sebastians-Kapelle in einer von Mauern umgebenen Grube. Auf dem dort sichtbaren Niveau wurden die römischen Kastelle angelegt – durch römischen und mittelalterlichen Schutt erhöhte sich die Oberfläche bis zu dem heutigen Niveau. Als unterstes erkennt man die ersten Lagen des ▶ nördlichen Turmes des Westtores vom zweiten Kastell (2). Besonders auffällig ist ihr schön gearbeitetes Sockelgesims. Daran

◀

Abb. 62. Ladenburg. Plan. Sichtbare Denkmäler: 2, 23, 24 Freilichtmuseum am Bischofshof, 12, 13 Marktbasilika, Burgus, 9, 10 römische Hauptstraße, 5 römische Stadtmauer

anschließend verläuft die etwa 1,6 m breite ▶ Wehrmauer nach Norden. Der weitere Verlauf dieser Mauer läßt sich gut verfolgen, ist er doch südlich der ▶ Sebastianskapelle und ▶ im Pflaster der Hauptstraße mehrfach markiert. Von der Bibliothek nördlich des Bischofshofes folgt man einer Treppe hinunter in die Tiefgarage des neuen Rathauses, wo sich die ▶ Nordostecke des Kastells befand, wendet sich dann nach rechts, die Treppe hoch, vorbei an einem neu aufgemauerten Stück Mauer und steht nun vor einem ebenfalls wieder aufgemauerten ▶ Zwischenturm mit nach Osten anschließender ▶ Mauer (die Durchgänge durch Turm und Mauer sind modern, man beachte aber, daß der Turm aus optischen Gründen um etwa 10 cm vor die Flucht der Kastellmauer vorspringt, 4).

In dem aufgelassenen Kastellgelände entstanden nach dem Truppenabzug die öffentlichen Bauten Lopodunums, vor allem die großartige Marktbasilika mit Forum. Die darauf zuführende Straße, die der alten Kastellstraße entsprach (3), wurde von privaten Häusern gesäumt. In der Grube nördlich der Sebastianskapelle ist die über dem Torturm des Kastells liegende Frontmauer eines solchen Hauses zu sehen (23). Nach Zerstörung dieses Hauses wurde es später von weiteren Mauern überlagert, der ▶ Treppenapsis des merowingischen Königshofes aus dem 6./7. Jh. und einem ▶ Saalbau aus dem 8. Jh., der der Schule und Kirche vorausging. In allen Mauern sind ältere, römische Steine nochmals als Baumaterial verwendet worden.

In einer ähnlichen, ehem. Ausgrabungsgrube südlich des Bischofshofs (24) sind ebenfalls eindrucksvolle Mauerreste zu sehen. Unter dem runden, mittelalterlichen ▶ Pfaffenturm und der daran anschließenden ▶ Wehrmauer des Bischofshofes haben sich Mauern und Fundamente eines römischen Gebäudes unbekannter Funktion erhalten. Die aus Originalteilen rekonstruierte kannelierte ▶ Säule läßt mit ihrer Höhe von 6,24 m auf die beachtlichen Ausmaße des Baus schließen.

Ebenfalls im Bereich des Bischofshofes sind eine ▶ Steinsäule mit unheilabwehrendem Phallus (hinter dem Museum), zwei ▶ Steinbrunnen, von denen einer noch bis ins 16. Jh. benutzt wurde, und die Kopie eines ▶ Buntsandsteinblocks von etwa 2 m Länge zu finden. Dieser Stein stammt wie andere, im Museum aufgestellte, von den Sitzbänken des Theaters (16). Die betreffende Sitzreihe wurde nach der erhaltenen Inschrift von einem Optatus

Abb. 63. Ladenburg. Die Jupitergigantensäule beim Bischofshof

Tetricus den VIC(ani) LOP(odunenses), also den Einwohnern Ladenburgs, gestiftet.
Das bedeutendste Monument ist die Kopie einer ▶ Jupitergigantensäule aus einem Brunnen in der Trajanstraße mit einem zugehörigen Weihealtar. Über einem Viergötterstein mit Darstellungen des Herkules, des Merkur, der Juno und der Minerva folgt auf einem Zwischensockel die Inschrift, mit der Novanius Augustus das nach einer 1. Zerstörung wiederhergestellte Werk Jupiter und Juno weiht. Die Schuppensäule bekrönt ein Kapitell mit Büsten der Vier Jahreszeiten. Es trägt die abschließende Figurengruppe, den über einen Giganten reitenden Jupiter. Die wohl von einer ortsansässigen Werkstatt hergestellte Säule zeigt beachtliche Qualität.
Politisches und wirtschaftliches Zentrum der römischen Stadt war sicher die Marktbasilika mit dem Forum (12, 13). Die etwa 130 m lange Anlage lag östlich der römischen Fernstraße (heute Neugasse) (10) und erstreckt sich bis zum Ende der St.-Gallus-Kirche.
Das Forum selbst, ein von Arkaden und Läden umgebener freier Platz, ist nicht mehr sichtbar. Dank mehrerer Ausgrabungen und der Pflastermarkierung kann jedoch die ▶ Basilika als wohl größtes römisches Gebäude Baden-Württembergs ganz gut erfaßt werden. Kommt man von dem hübschen Marktplatz die Kirchenstraße entlang zur Kirche, geht man vor dem Renaissancehaus »Zur Sackpfeife« über die markierte Nordwestecke. Die Kirche selbst liegt quer über der Basilika, nimmt allerdings nur ein Drittel der Fläche der Anlage ein.
Durch Pfeilerreihen war ein mächtiges Mittelschiff M von zwei Seitenschiffen S_w und S_o getrennt (nur im Fundament erhalten). In die vermuteten Obergeschosse der Seitenschiffe des etwa 73 × 29 m großen Zentralbaus führten zwei Treppenhäuser T_s und T_n. Durch einen großen Bogen, dessen Widerlager aus riesigen ▶ Quadern in der Ausgrabungsgrube südlich der Kirche zu besichtigen ist (Zugang durch die Tür im südlichen Seitenschiff von St. Gallus), gelangte man in zwei Querschiffe C_s und C_n (schon unter dem ev. Pfarrhaus bzw. unter der nördlich des Kirchhofs liegenden Bebauung). Zentrum der Anlage war eine große, sich zum Hauptschiff öffnende ▶ Apsis, in der der Rat der Civitas tagte, sozusagen öffentlich, denn die Basilika selbst diente als Markt- und Börsenhalle. Die Reste dieser Apsis dienen als

Abb. 64. Ladenburg. Merkur und Herkules auf dem Viergötterstein der Jupitergigantensäule

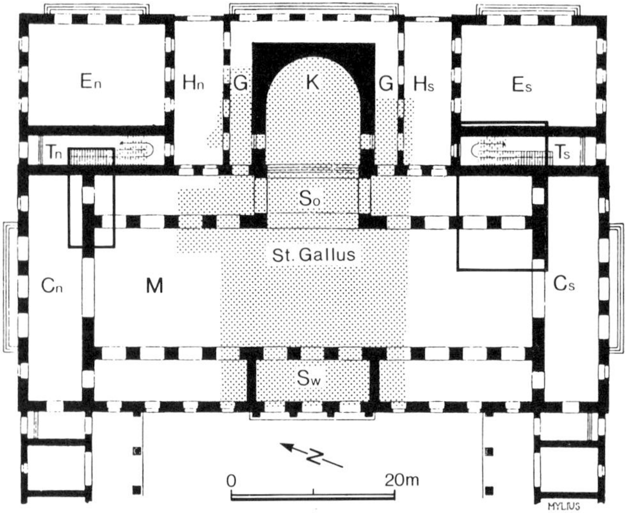

Abb. 65. Plan der römischen Marktbasilika von Ladenburg. Die heutige St.-Gallus-Kirche liegt mit ihren Anbauten quer über dem Gebäudekomplex (gerastert). Die umrahmten Bereiche sind ausgegraben und sichtbar, vom Rest ist vieles im Pflaster um die Kirche und in der Kirchenstraße markiert.

Grundmauern für den Chor der gotischen Kirche. In der romanischen Krypta unter diesem Chor liegt das römische Mauerwerk teilweise frei. Durch seine kleinen Handquader und die leichte Krümmung kann es unschwer von den späteren Bauteilen unterschieden werden.

Besonders eindrucksvoll ist die Massivität der ganzen Anlage; die ► Fundamente sind bis zu 2,1 m breit und reichen teilweise bis zu 7 m unter die heutige Oberfläche. Auch das aufgehende ► Mauerwerk, besonders schön in der Grube südlich der Kirche zu sehen, ist immer noch 1,2–1,35 m breit.

Von zivilen Gebäuden ist außer dem ► Steinkeller eines Streifenhauses von ca. 8 × 30 m Größe westlich der Kellereigasse nichts mehr sichtbar. Gut erhalten haben sich bei diesem Keller der Eingang, die Aussparungen für ein hölzernes Türgewände, eine Nische und eine Lichtluke zur Straße hin.

Sicher ebenso eindrucksvoll wie die Basilika wären die Reste der spätrömischen ► Schiffslände (Burgus), wenn sie nicht z.T.

dem Rathausneubau hätten weichen müssen. Geht man in der Tiefgarage von der Kastellecke nach links, findet man links der Ausfahrt im Fußboden eine bis zu 4 m dicke Mauer mit einem Brunnenrest in einer Ecke markiert. Leider konnte nur die Westwand der quadratischen Anlage erhalten werden. Sie bildet mit ihrem kleinteiligen, leicht unregelmäßigen Mauerwerk den westlichen Abschluß des Rathauses und ist am besten von der Parkanlage im Bett des ehem. Neckarlaufes aus zu sehen. Mit seiner Höhe von etwa 4 m ist es das am höchsten erhaltene römische Mauerwerk in Südwestdeutschland. Vielleicht sollte diese Anlage am Ende des 4. Jh. n. Chr. den Abtransport von Steinmaterial aus den Ruinen der ehem. Stadt schützen.
Nicht versäumen sollte man, von hier aus der mittelalterlichen Stadtmauer nach Norden bis zum Hexenturm und Martinstor, eventuell sogar bis zur Hauptstraße bei (9) zu folgen, denn hier sitzt diese auf der römischen ▶ Stadtmauer auf (5). Ebenfalls durch die spätere Nutzung kenntlich geblieben ist die ▶ Fernstraße nach Heidelberg. Vom Martinstor aus läßt sie sich über Wormser Straße, Kellereigasse, Neugasse und Heidelberger Straße gut im mittelalterlichen Stadtbild verfolgen. Schnurgerade läuft sie südlich von Ladenburg bis zum Neuenheimer Feld, wo sie sich unter den modernen Universitätsbauten verliert (10). Vor der Brücke über den zweiten Bach steht rechter Hand ein inschriftenloser ▶ Altar, der vielleicht von einem der Gräberfelder Lopodunums stammt.
Aber nicht nur durch die Nutzung der römischen Einrichtungen, sondern auch durch die Tradierung des Namens von Lopodunum zu Lobtenburg und Ladenburg wird deutlich, daß der Platz nach dem Limesfall nicht gänzlich verlassen wurde. Zumindest seit dem 5. Jh. n. Chr. läßt sich eine kontinuierliche Besiedlung bis heute feststellen.

Laufenburg, Kr. Waldshut

Römischer Gutshof

Zufahrt: Die Villa liegt in einer Grünanlage in der Nähe des Umspannwerkes (dort Parkmöglichkeit). Von Säckingen oder Waldshut über die B 34. In Laufenburg von der Landstraße nach Todtmoos über die Bergstraße (1. Straße links) und Obere Sitt (an erster Gabelung rechts) bis zum Umspannwerk.

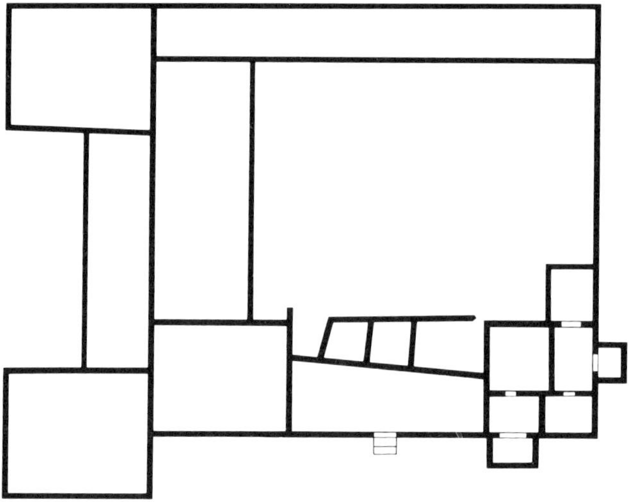

Abb. 66. Laufenburg. Grundriß der restaurierten Villa eines römischen Gutshofes

Von dem in typischer Lage auf einem hochgelegenen Platz erbauten römischen Gutshof ist nur das Hauptgebäude bekannt. Es wurde in der Mitte des 1. Jh. n. Chr. angelegt, nachdem die Römer das Hochrheintal besetzt hatten, und blieb bis in die Mitte des 3. Jh. n. Chr. bewohnt. Allerdings war er zwischenzeitlich nicht vom Besitzer selbst bewirtschaftet, sondern verpachtet.
In den knapp 200 Jahren, die der Gutshof bestanden hat, wurde sein Hauptgebäude mehrmals umgebaut und einmal völlig erneuert. Vom ältesten, noch schlichten Haus ist der langrechteckige ► Keller an der Westseite erhalten geblieben. Nachdem das Gebäude 120 n. Chr. abgebrannt war, ließ der Besitzer beim Neubau in die Südostecke der Villa mit bunter Wanddekoration versehene Baderäume einbauen.
Vom letzten Umbau im späten 2. oder frühen 3. Jh. n. Chr. wurden die beiden ► Ecktürme der repräsentativ gestalteten Westfassade bei der Restaurierung des Gebäudes neu aufgesetzt und der Verlauf anderer Mauern durch ► Plattenwege im Rasen markiert. In der Säulenhalle der Südfassade fanden sich noch Reste von einem farbigen Mosaik.

Abb. 67. Mosaikreste in der römischen Villa in Laufenburg

Lauffen a. N., Kr. Heilbronn

Römischer Gutshof

Der römische ► Gutshof von Lauffen wurde wie zahlreiche andere Bauten des Neckarlandes nach der Mitte des 2. Jh. n. Chr. errichtet und erst während der Alamanneneinfälle zwischen 233 und 259/260 n. Chr. verlassen.

Der Gutshof liegt in einer flachen Senke oberhalb eines steil zum Neckar hin abfallenden Südwesthanges. Der Fluß verband als günstiger Verkehrsweg den Gutshof mit der römischen Siedlung bei Heilbronn-Böckingen, einem für die nähere und weitere Umgebung zentralen Handelsplatz. Neben Viehzucht und Landwirtschaft betrieb der Besitzer des Lauffener Hofes wohl auch schon Weinbau.

Das großzügig errichtete Wohngebäude, zugleich der repräsentativste Bau der gesamten Anlage, zeigt die klassisch-schlichte Form einer Villa mit Ecktürmen. Beide konnten beheizt werden und dienten daher sicher als Wohnräume. Wegen der breiten Fundamente müssen sie zwei Stockwerke gehabt haben. Die Türme waren durch eine zum Tal hin offene Säulenhalle miteinander verbunden, hinter der die große Wohnhalle lag. In dem langrechteckigen Raum ist wegen der Herdstelle die Küche zu vermuten. An der Nordwestecke hatte sich der Besitzer nachträglich ein klei-

Abb. 68. Lauffen a. N. Inmitten der Weinberge liegt der römische Gutshof mit erstem Wohngebäude (rechts), späterer Villa (links), Scheune und Weinkelter

Abb. 69. Weinlese in römischer Zeit (Rekonstruktionszeichnung)

nes Bad anbauen lassen. Durch einen schmalen Auskleideraum betrat man das Kaltbad und das Heißbad. Wie hoch die Hygiene damals bereits entwickelt war, zeigt der kleine, durch die Abwässer des Bades gespülte Latrinenanbau.
Die Villa ersetzte das aus der Gründungszeit des Betriebes stammende ältere, mehrmals umgebaute Wohnhaus. Es liegt am Neckarabhang in der Südostecke auf einem Felsenvorsprung, von dem aus sich ein schöner Blick in das Neckartal bietet. Einer der beiden Wohnräume war mit einer Fußbodenheizung ausgestattet. Einen wohl speziell zum Frischhalten von Lebensmitteln dienenden Keller hatte man innerhalb des Gebäudes direkt aus dem hier anstehenden Felsen herausgehauen. Teilweise ist an den Wänden noch der originale Wandverputz mit Fugenstrich zu sehen.
Während das unmittelbar an die Hofmauer anschließende Gebäude als Scheune für landwirtschaftliche Geräte diente, wurde das andere Wirtschaftsgebäude vielleicht als Weinkelter benutzt. Die Wasserversorgung der gesamten Anlage war durch eine Quelle oberhalb des Gutshofes gesichert.

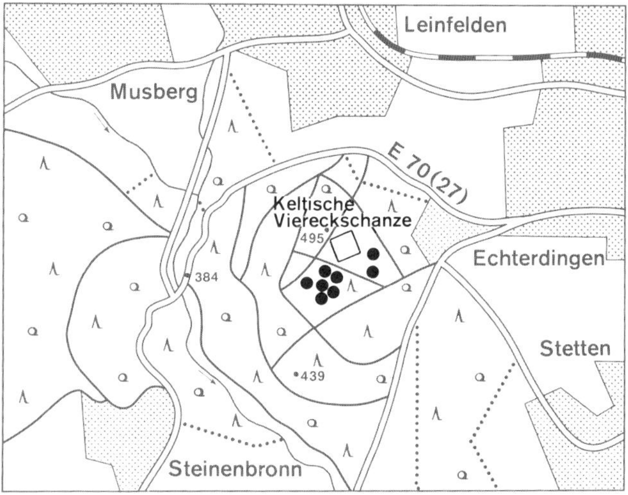

Abb. 70. Leinfelden-Echterdingen. Grabhügelgruppe und keltische Viereckschanze

Leinfelden-Echterdingen, Kr. Esslingen

Archäologischer Lehrpfad Federlesmahd
Südwestlich von Leinfelden-Echterdingen wurde im Gemeindewald »Federlesmahd« ein archäologischer Lehrpfad angelegt, der zu einer gut erhaltenen ▶ Viereckschanze führt.
Die Wälle der Viereckschanze sind 90 bis 98 m lang, so daß sich ein fast quadratischer Grundriß ergibt. Aus dem Aushub der leicht erkennbaren Spitzgräben wurden die Wälle aufgeführt. Mit rd. 2 m Höhe über der Grabensohle sind die vier Ecken höher als der übrige Wall, den in der Mitte der Ostseite ein Tor unterbrach. Die gesamte Innenfläche der Viereckschanze hat man gegenüber der Umgebung aufgeschüttet. Ob das aus kultischen oder religiösen Gründen geschah, ist unklar. Bei einer Grabung konnten im Innenraum keine Siedlungsreste festgestellt werden, ebenso fehlt bisher datierendes Fundmaterial.
Eine Gruppe von 22 ▶ Grabhügeln liegt 150 m südsüdwestlich der Viereckschanze. Die Hälfte der unterschiedlich hoch erhaltenen Hügel scheint noch nicht durch Raubgrabungen gestört zu

Abb. 71. Die Rekonstruktionszeichnung gibt eine Vorstellung vom Aussehen einer Viereckschanze

Abb. 72. Leinfelden-Echterdingen. Am archäologischen Lehrpfad liegt ein wiederaufgeschütteter Grabhügel, bekrönt mit der Stele. Daneben die Nachbildungen von 5 Stelen aus der Hallstattzeit

sein. Sechs weitere sehr große ▶ Grabtumuli finden sich nicht allzuweit voneinander entfernt 150 m südöstlich der Schanze. Der stattlichste Hügel weist bei einem Durchmesser von 35 m die Höhe von ca. 3 m auf.
Ein anderer Grabhügel wurde untersucht, danach auf seine alte Höhe von 2,5 m wieder aufgeschüttet und mit der bei der Grabung gefundenen Originalstele bekrönt. Neben dem Hügel sind Nachbildungen von fünf Stelen der Hallstattzeit aus Württemberg aufgestellt.

Limberg → Sasbach
Limes, Obergermanischer → Zweiflingen-Friedrichsruhe
Limeswanderweg → Mudau
Lonetal → Niederstotzingen-Stetten

Lorch, Ostalbkreis

Römisches Kastell
Zufahrt: Die Fundamentreste des Kastelltores liegen in der Stadtmitte beim Evangelischen Gemeindezentrum, Kirchstraße 30.
Das in Lorch nachgewiesene Kastell ist die südlichste Garnison des vorderen, um die Mitte des 2. Jh. n. Chr. angelegten Limes der Provinz Obergermanien. Es lag an einer wichtigen Fernstraße, die von Stuttgart-Bad Cannstatt durch das Rems- und Filstal in die Provinz Rätien führte. Die Größe der im Stadtzentrum unter der Stadtkirche und dem Friedhof nachgewiesenen Garnison läßt vermuten, daß hier eine z. T. berittene Truppe stationiert war.
Von dem Kastell wurde nur der nördliche Turm des Westtores, das zwei Durchfahrten besaß, restauriert. An die Tore schlossen sich die Kastellmauern an, die außen und innen sorgfältig mit Stubensandsteinen verkleidet waren. Oft über den Toren angebrachte Bauinschriften nannten bei den Kastellen außer dem Namen der hier liegenden Einheit auch das Jahr, in dem die Anlage neu erbaut oder wiederhergestellt worden ist. Reste der Lorcher ▶ Bauinschrift sind seit dem Mittelalter über dem westlichen Portal des Benediktinerklosters eingemauert. Lediglich der Anfang der Kaisertitulatur IMP CAE hat sich erhalten, die zu »Imperator Caesar« ergänzt werden muß.
Neben dem Kloster Lorch wurde ein Wachtposten vermutet, dessen Fundamente beim Klosterbau wohl vollständig abgetragen worden sind. Heute ist an der Stelle des vermuteten Postens die Rekonstruktion eines hölzernen Wachtturmes errichtet. Obwohl

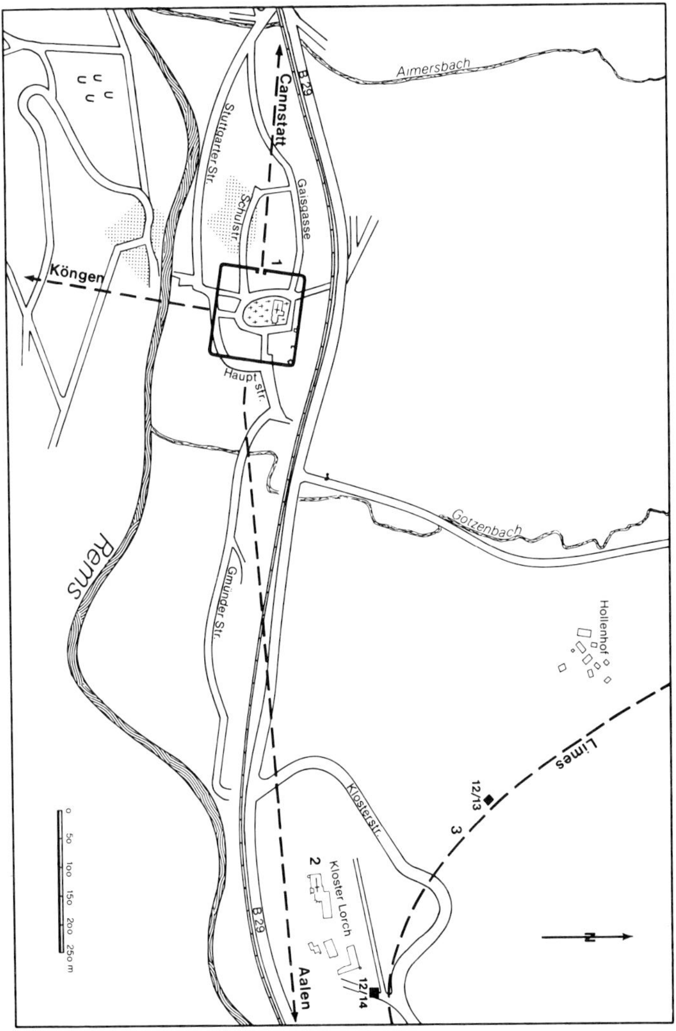

Abb. 73. Lorch. 1 Kastell im Ortsbild und an der römischen Straße, 2 Bauinschrift am Kloster, 3 rekonstruierter Holzwachtturm am Limes

Abb. 74. Eponarelief aus dem Kastell Lorch

solche Türme an diesem Limesabschnitt nie bestanden haben und einige bautechnische Details fehlerhaft sind – so lag beispielsweise der Zugang zu den Limeswachttürmen stets im ersten Stock –, vermag sich der Besucher doch vorzustellen, wie sie einst ausgesehen haben. Von der Galerie aus kann man über das Remstal hinweg bis zum wenige Kilometer entfernten Kastell Schirenhof sehen.

Magdalenenberg → Villingen-Schwenningen

Mainhardt, Kr. Schwäbisch Hall

Römisches Kastell
Zufahrt: Die restaurierten Teile des Kastells liegen an der Hauptstraße hinter der Turnhalle.

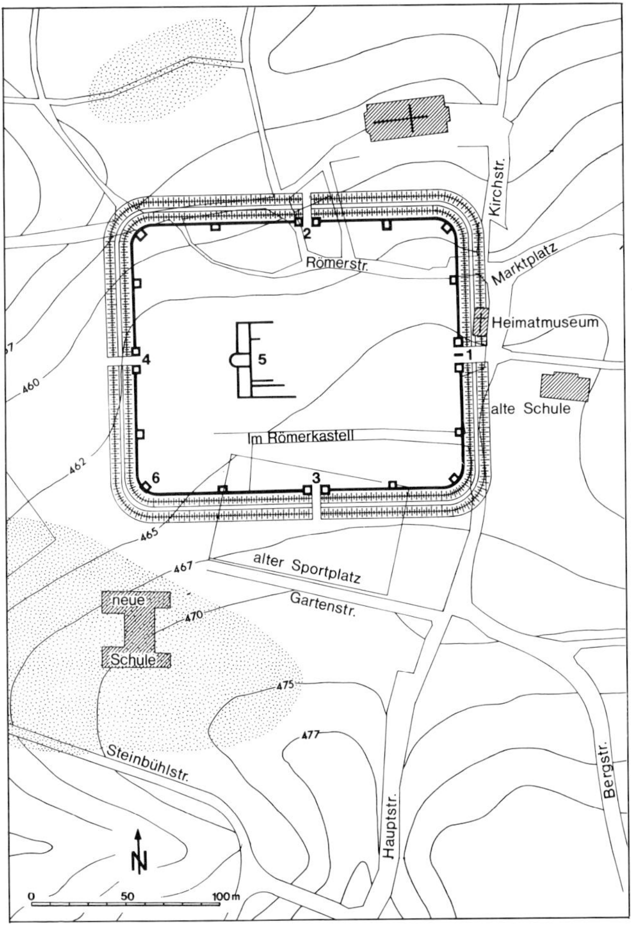

Abb. 75. Mainhardt. Das Kohortenkastell im Ortskern. 1–4 Kastelltore, 5 Stabsgebäude, 6 restaurierte Südwestecke

Abb. 76. Mainhardt. Der restaurierte Turm mit anschließender Kastellmauer

Das Kastell von Mainhardt liegt auf einem nach Norden geneigten Hang. Natürlichen Schutz boten im Norden und Osten das tiefeingeschnittene Brettach-, im Westen und Südwesten das Baadbachtal. Die zeitweise von der 1. berittenen Asturerkohorte gebildete Besatzung des Kastells hatte u. a. auch den Handelsweg zu sichern, der bereits in vorrömischer Zeit von Heilbronn zu den

Salzquellen von Schwäbisch Hall führte. Da weite Teile der Anlage schlecht erhalten waren, wurde von dem Kastell nur ein Teil der ▶ Südwestmauer restauriert. Kleine Abschnitte von der ▶ Nordmauer sind weiterhin in den Pfarrgärten zu sehen und ein Stück der ▶ östlichen Kastellmauer wird noch heute als Terrassenmauer gegen den stark abfallenden Hang benutzt.
Die zweischalige, stark vermörtelte Kastellmauer besitzt ein etwas breiteres Fundament. Bei der äußeren Mauerschale hatte man große, sehr sorgfältig behauene Stubensandsteinquader verbaut und die Mauerfugen mit einem Fugenstrich nachgezogen. Für die Mauerinnenseite ist das Baumaterial dagegen weniger sorgfältig ausgesucht worden: wesentlich kleinere Steinquader waren hier abwechselnd in Lagenmauerwerk und schräg gegeneinander gestellt in Opus-spicatum-Technik versetzt.
Von den vier Ecktürmen des Kastells ist der westliche restauriert, dessen Fundamente teilweise ausgebrochen waren. Der ▶ Turm sprang über die Kastellmauer vor, so daß sich im Mauerverlauf Ecken ergaben. Von dem hinter der Kastellmauer angeschütteten Erdwall konnte der Holzrost nachgewiesen werden, der sein Abrutschen verhindern sollte. Der Verlauf des ▶ Doppelgrabens zeichnet sich in der Wiese vor der Turnhalle immer noch deutlich ab.
Nördlich von Mainhardt (Stadtteil Geißelhardt) wurde direkt neben einem nachgewiesenen Wachtposten ein ▶ hölzerner Turm rekonstruiert. Von der im zweiten Stock herumführenden Galerie aus bietet sich ein aufschlußreicher Blick über den Limes, der in südlicher Richtung als Hecke, nach Norden als leichte Senke im Ackerland bzw. als Feldergrenze gut zu verfolgen ist. Die Turmrekonstruktion ist allerdings umstritten, wobei vor allem eingewendet wird, daß es nach unserer bisherigen Kenntnis an diesem Limesabschnitt keine hölzernen Wachttürme gegeben hat.
Ein kleines Heimatmuseum mit Funden aus Mainhardt ist in der ehem. kath. Kirche in der Hauptstraße eingerichtet.

Meßkirch, Kr. Sigmaringen

Römischer Gutshof
Zufahrt: Der Gutshof liegt beiderseits der B 311 Tuttlingen-Meßkirch (Parkplatz mit Hinweisschild).
Der mit fast 8 ha Grundfläche ungewöhnlich große Gutshof bei Meßkirch wurde bereits 1882 untersucht. 1977 waren Nachgrabungen notwendig, weil die Trasse der neuen B 311 durch sein

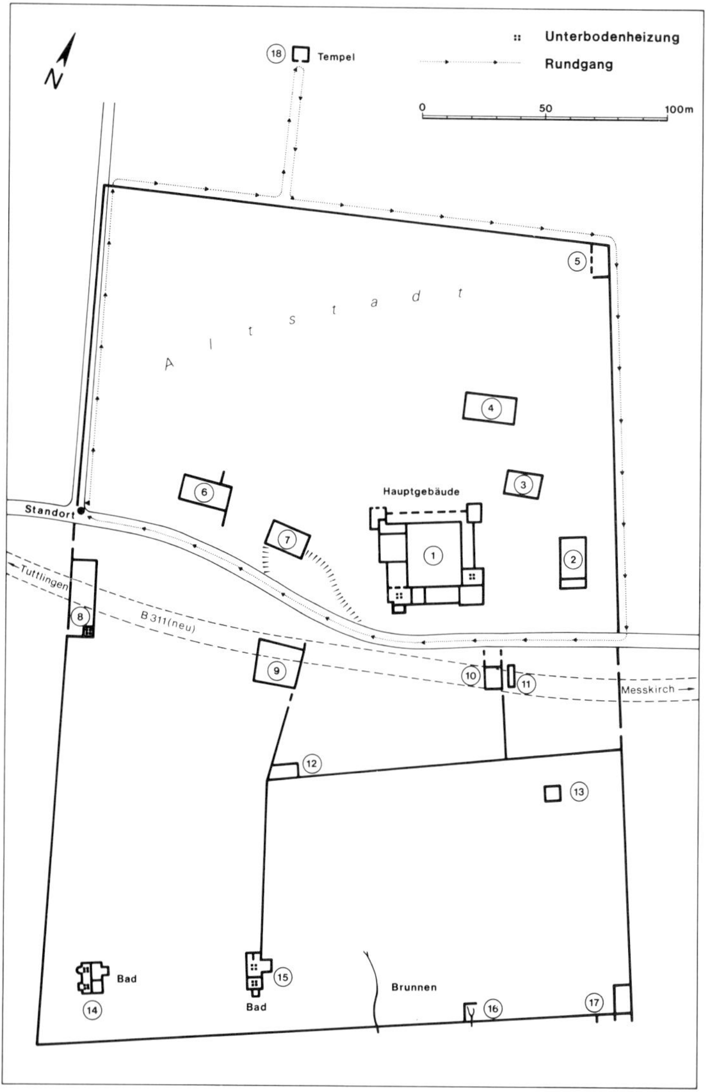

Abb. 77. Meßkirch. Plan des großen Gutshofs. Ausgegraben und rekonstruiert ist ein Teil von dem Gebäude an der Hofmauer (8) und der kleine Tempel (18)

Abb. 78. Meßkirch. Der Tempel beim römischen Gutshof

Areal hindurchführte. Von einem neben der Straße angelegten Parkplatz führen Fußwege zu den als ▶ Schutthügeln gut kenntlichen, nicht ausgegrabenen Gebäuden sowie einem ▶ restaurierten Tempelchen.
Der Gutshof, dessen bis zu 1,2 m hoch erhaltene ▶ Hofmauer sich als Schuttwall deutlich abzeichnet, liegt an einem nach Süden zu abfallenden Hang. Das Hauptgebäude gehörte zu dem Villentyp, bei dem eine offene Säulenhalle an der Hauptfront zwei Ecktürme miteinander verband. Der kleine Anbau am westlichen Turm ist wohl nachträglich angesetzt. Bei den übrigen Gebäuden, von denen vier während des Straßenbaues teilweise untersucht wurden, dürfte es sich vor allem um Wirtschafts- oder Speichergebäude, Stallungen und Gesindewohnhäuser gehandelt haben.
70 m nördlich der Hofmauer wurde ein kleines, nur aus einem Kultraum bestehendes ▶ Tempelchen ausgegraben, von dessen ursprünglichem Aussehen man keine genaue Vorstellung hat. So ist nicht auszuschließen, daß ein hölzerner Umgang den Kultraum umgab. Da hier ein Altar mit einer Weihinschrift für Diana gefunden wurde, war der Bau vom Gutsbesitzer Marcus Aurelius Honoratus Pancratius wohl der Göttin der Jagd gestiftet worden.

Der Gutshof stammt vom Ende des 1. Jh. n. Chr. Nachdem die Besitzer ihn während der Alamanneneinfälle im frühen 3. Jh. n. Chr. verlassen hatten, wohnten die Alamannen vorübergehend in den Gebäuden, bevor sie endgültig zerfielen.

Mudau, Neckar-Odenwald-Kreis

Limeswanderweg vom Kleinkastell Hesselbach zur »Schneidershecke«

Zufahrt: Der Limeswanderweg von Mudau beginnt an der Straßenkreuzung Eberbach-Amorbach und Schlossau-Hesselbach (Parkplatz).

Der Abschnitt der römischen Grenzbefestigung zwischen Main und Neckar wird mit einem modernen geographischen Begriff als

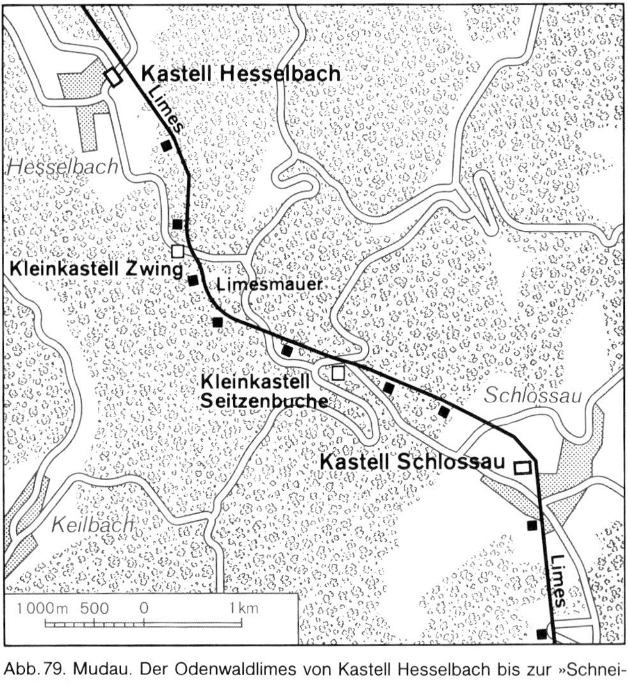

Abb. 79. Mudau. Der Odenwaldlimes von Kastell Hesselbach bis zur »Schneidershecke«

»Odenwaldlimes« bezeichnet. Nachdem Domitian um 90 n. Chr. die Grenze der Provinz Obergermanien mit Kastellen und Wachttürmen gesichert hatte, ließ Trajan um 100 n. Chr. wie an anderen Limesstrecken eine Holzpalisade anlegen. Bei zahlreichen Kastellen wurden um die Mitte des 2. Jh. n. Chr. die Holzgebäude durch massive Steinbauten ersetzt. Kurz nach diesem Ausbau verlegten die Römer gegen 150 n. Chr. die Grenzstrecke um 30 km nach Osten auf die Linie Miltenberg - Lorch. Zum einen sollte damit ein bereits weitgehend romanisiertes Gebiet verwaltungsmäßig dem römischen Imperium angegliedert werden, zum anderen war die neue Limestrasse bei teilweise schnurgeradem Verlauf besser zu überwachen.
Im sog. »Hohen Odenwald«, dem höchsten Grat des Gebirgszuges, ist zwischen den Kastellen Hesselbach und Schlossau ein Lehrpfad eingerichtet worden, der an mehreren Wachttürmen und Kleinkastellen vorbeiführt. Dieser gut erhaltene ▶ Limesabschnitt verdeutlicht mit den zahlreichen restaurierten Steintürmen, welch eine großartige Anlage die Grenzbefestigung einst war.
Von dem kleinen, im Norden des heutigen Ortes gelegenen ▶ Kastell Hesselbach ist die Umwehrung im Wiesengelände deutlich zu erkennen. Die vollständig untersuchten Innenbauten der Garnison wie Baracken und Stabsgebäude bestanden aus Fachwerk. Sie sind einmal erneuert worden, bevor die Einheit spätestens um 165 n. Chr. aus dem Kastell abgezogen wurde.
Bei dem Wachtposten »Auf dem Hönebuckel« (WP 10/32) haben sich vom älteren Holzturm die trocken versetzten ▶ Fundamentmauern gut erhalten, während die Reste des unmittelbar daneben errichteten Steinturmes stark durchwühlt sind. Die Limespalisade verlief 30 m östlich von den Türmen.
Insgesamt ▶ drei Wachtposten sind am nächsten markierten Punkt »Auf dem Kahlen Buckel« (WP 10/33) erhalten. Das aufgehende Mauerwerk des Steinturmes besaß eine Sichtfront aus sauber zubehauenen Verblendquadern. Er ist nach einer Bauinschrift, von der eine Kopie aufgestellt wurde, 146 n. Chr. erbaut worden. Bei den Holztürmen sind die ▶ Drainagegräben, die in römischer Zeit die Fundamente trocken halten sollten, noch als flache Mulden zu erkennen. Vor allem bei dem kleineren nördlichen Turm konnte die charakteristische Bauweise mit zwischen Balkenschlitzmauern eingefülltem Lehm nachgewiesen werden.
Das Kleinkastell »Zwing« oder »Jägerwiese« sicherte einen Paßweg zwischen dem Eutergrund und dem Waldleininger Tal. Von ihm sind nur geringe ▶ Steinreste zu sehen. Ein in recht provin-

Abb. 80. Ein kleines rekonstruiertes Stück der einzigen Steinmauer am Odenwaldlimes

zieller Weise skulptierter Stein, der heute in einem Kranz ein leeres Feld zeigt, war ursprünglich im Kastell verbaut und trug wohl die mit Farbe aufgemalte Bauinschrift der Anlage. Auf der Länge von 112 m war die sonst übliche Palisade vor dem Kastell durch eine ► Steinmauer, von der ein kleines Stück rekonstruiert wurde, unterbrochen. Vielleicht wollten die Einheiten, die hier den Limes erbaut haben, das mühevolle Ausheben des Palisadengrabens vermeiden. Auf der Innenseite der 2 bis 3 m hohen, mit halbrunden Zinnendeckeln abschließenden Sandsteinmauer hatte man die Steine sorgfältiger bearbeitet.
Nach dem Wachtposten »Im hohen Wald« (WP 10/34), dem inschriftlich ebenfalls in das Jahr 146 n. Chr. datierten ► Turm »Im

Klosterwald« (WP 10/35) und den ▶ Türmen »Am Fischerpfad« (WP 10/36) führt der Weg zum Kleinkastell Seitzenbuche. Auch dieses sich heute noch durch flache ▶ Geländewellen abzeichnende Kastell lag an einem Paßweg zwischen Main- und Neckartal.

Am Wachtposten »In der Schneidershecke« (WP 10/37) endet der Lehrpfad, gleichzeitig erreicht der Besucher hier einen der interessantesten Punkte des Odenwaldlimes. Vom Holzturm C hat sich der ▶ Ringgraben erhalten, beim Steinturm A sind vor allem die ▶ Mauerabsätze zu sehen, auf denen innen die Decken- bzw. Bodenkonstruktionen aufgelegen haben.

Im zweiten Steinturm B war ein kleines Heiligtum für Jupiter und die Göttinnen Viktoria und Salus (Göttin des Wohlbefindens und der Gesundheit) eingerichtet worden. Der Kultraum, in dem auch gut gearbeitete Sandsteinstatuen der Gottheiten aufgestellt waren (heute im BLM Karlsruhe), lag im ersten, sonst als Wohn- und Schlafraum dienenden Turmgeschoß. Er war über eine später an der Nordseite angebaute Außentreppe zugänglich. Bisher ist unsicher, ob Turm B als Wachtturm erbaut und erst nachträglich in ein Heiligtum umgewandelt wurde, so daß um die Mitte des 2. Jh. n. Chr. Turm A für den Grenzdienst errichtet werden mußte.

Abb. 81. Der Wachtposten »Schneidershecke« in einer Rekonstruktionszeichnung

Neue Erkenntnisse deuten nun aber darauf hin, daß man Turm B am Ende des 2. Jh. n. Chr. gleich als Heiligtum erbaut hat, nachdem der Limes bereits auf die Linie Miltenberg-Lorch vorgeschoben worden war. Den Anlaß für die Weihung dieses kleinen Heiligtums kennen wir nicht.

Nagold, Kr. Calw

Keltischer Grabhügel »Heidenbühl«
Der auch »Krautbühl« genannte »Heidenbühl« liegt heute südwestlich des Zusammenflusses von Waldach und Nagold. Früher umzog ihn die 1936 mit einer Flußkorrektur begradigte Nagold. Der ursprünglich gewölbte Hügel war lange in kleine Parzellen aufgeteilt und ist während dieser Zeit durch den Gartenbau kegelförmig abgetragen worden.
Bei dem heute noch 3,5 m hoch erhaltenen ▶ Hügel handelt es sich um ein frühkeltisches Fürstengrab des späten 6. oder 5. Jh. v. Chr. Die zugehörige Siedlung muß nach Hallstatt- und Latènefunden am Osthang des den Heidenbühl auch heute noch im Nordwesten überragenden Schloßberges sowie unter der Burgruine Hohennagold selbst vermutet werden.

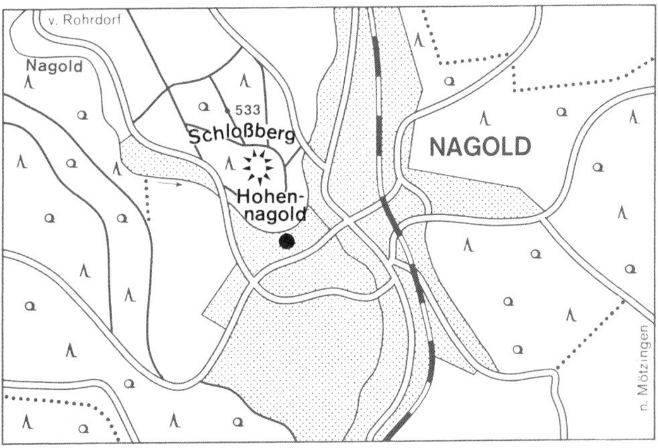

Abb. 82. Nagold. Keltischer Grabhügel

Abb. 83. Der »Heidenbühl« in Nagold, heute noch 3,5 m hoch

Im Mittelalter benutzte man den Heidenbühl zu einem besonderen Zweck: wie auch in anderen Orten diente der frei im Tal liegende Grabhügel dem Burggrafen von Nagold als Gerichtsplatz.

Nattheim-Fleinheim, Kr. Heidenheim

Abschnittsbefestigung und Viereckschanze
Das Gebiet um Nattheim war während der Hallstattzeit dicht besiedelt, weil aus dem hier anstehenden Bohnerz Eisen gewonnen werden konnte. Davon zeugen heute zahlreiche Grabhügelgruppen und Viereckschanzen.
Die Viereckschanze von Nattheim-Fleinheim liegt nordwestlich von Fleinheim auf dem nach Osten vorspringenden Bergsporn »Burg«. Der Höhenrücken wird 130 m östlich der Schanze von

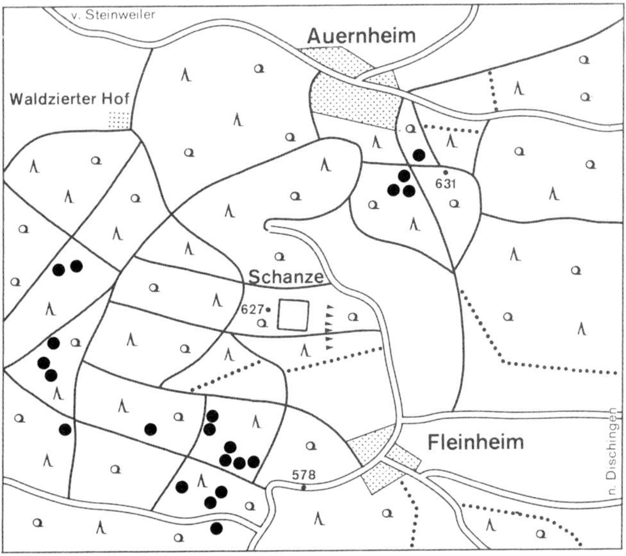

Abb. 84. Nattheim-Fleinheim. Grabhügelgruppen, Abschnittsbefestigung und Viereckschanze

einer 300 m langen und bis zu 2 m hohen ▶ Abschnittsbefestigung unbekannter Zeitstellung gesichert. In Trockenmauertechnik aus großen Steinen aufgeführt, setzt sich der im Süden an der Hangkante beginnende ▶ Wall im Norden, unregelmäßig und schwächer werdend, in den Berghang hinein fort. Im nördlichen Abschnitt des davor ausgehobenen Grabens stehen noch einige Erdbrücken. Der Zugang zu der Befestigung wird über den sich als Absatz im Hang fortsetzenden Steg erfolgt sein, vor dem der Graben im Süden aussetzt. Siedlungsspuren aus dem Innenraum fehlen.

Die ▶ Viereckschanze westlich der Abschnittsbefestigung ist sehr gut erhalten. Obwohl sie nicht den sonst für diese Anlagen charakteristischen, streng rechteckigen Grundriß zeigt, gibt sie mit der Wallhöhe von 2 m sowie dem vorgelagerten, 10 m breiten und 2 m tiefen Graben eine gute Vorstellung vom Aussehen der Schanzen. Auch die typische Wallüberhöhung an den vier Ecken mit fast 1 m ist klar zu erkennen. Das Tor befindet sich in der Mitte der Südseite.

Die anders als sonst auf einem Bergrücken erbaute Anlage weist noch eine Besonderheit auf, die auch an anderen Viereckschanzen im Heidenheimer Raum beobachtet werden kann: ihre Wälle sind aus dem Steinmaterial errichtet, das beim Ausheben des Grabens gebrochen wurde. Da eine Steinmauer nicht so leicht erodiert wie ein reiner Erdwall, ist die Schanze sicher wegen dieser Bauweise so gut erhalten.
Ob zwischen der Viereckschanze, der Abschnittsbefestigung auf der »Burg« und den in der näheren Umgebung nachgewiesenen Grabhügeln ein Zusammenhang besteht, ist noch nicht untersucht worden.

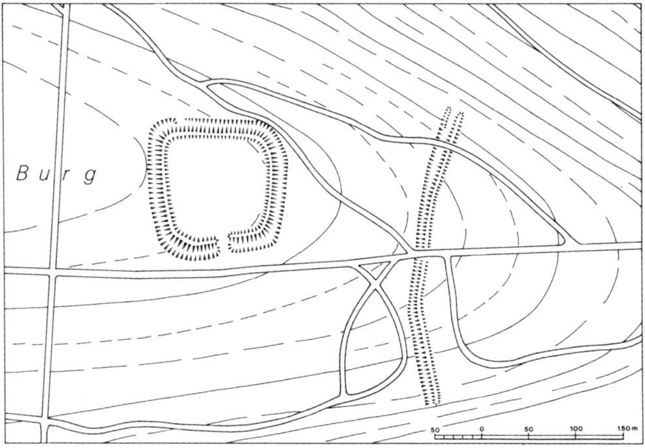

Abb. 85. Die sehr gut erhaltene Viereckschanze bei Fleinheim und der etwas östlich davon gelegene Befestigungswall

Neuenhaus → Aichtal

Neuhausen ob Eck, Kr. Tuttlingen

Grabhügelfeld
Das ▶ Grabhügelfeld von Neuhausen ob Eck besteht aus insgesamt 21 Hügeln nördlich der B 311 im Wiesengelände. Nach ihrer

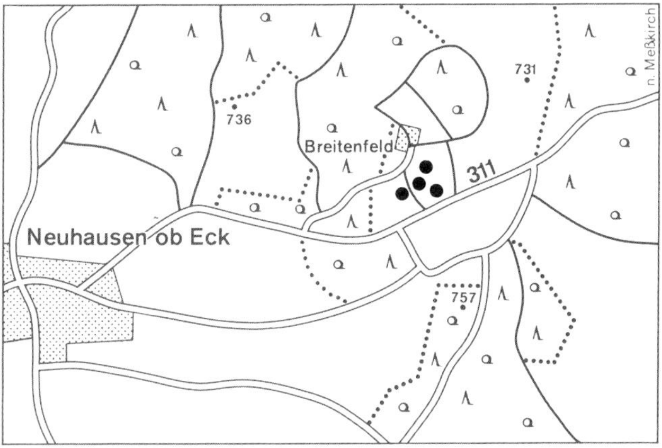

Abb. 86. Neuhausen ob Eck. Grabhügelfeld

Lage, dem Zustand und der Anzahl der Tumuli ist es zu den schönsten von Baden-Württemberg zu rechnen.
Die Hügel variieren in der erhaltenen Höhe, die 2,35 bis 0,25 m beträgt. Ebenso unterschiedlich ist ihr von 6 bis 22,5 m reichender Durchmesser. Bei einigen von ihnen sind in der Mitte muldenförmige ► Einsenkungen zu erkennen.
Zahlreiche Tumuli wurden gegen Ende des letzten Jahrhunderts durchgewühlt. Nach den vorliegenden Berichten zeigte sich im Innern fast stets ein Steinkern mit einer Lehmaufschüttung. Außer zwei Brandgräbern wurden ausnahmslos Körperbestattungen nachgewiesen, von denen einige vielleicht als Nachbestattungen anzusehen sind. Gefunden wurden neben drei Keramikgefäßen zwei eiserne Lanzenspitzen sowie Fibeln, Gürtelketten und Armringe aus Bronze und Eisen. Leider sind alle diese Gegenstände heute verschollen.
Nach den Beigaben ist die Grabhügelgruppe in die Hallstattzeit, d. h. das 8.–6. Jh. v. Chr. zu datieren. Das Gräberfeld liegt auf der waldreichen Höhenzunge »Eck« südlich der Donau. Diese war während der Hallstattzeit ausgesprochen dicht besiedelt, denn in der Umgebung von Neuhausen, etwa in Leibertingen, Worndorf und Liptingen, finden sich weitere, ebenfalls hallstattzeitliche Grabtumuli. Wahrscheinlich bestand schon damals eine Verbindungsstraße südlich der Donau, die das enge, stark gewundene Flußtal umging.

Niederstotzingen-Stetten, Kr. Heidenheim

Vogelherdhöhle im Lonetal

Die Vogelherdhöhle im Lonetal gehört zu den bedeutendsten eiszeitlichen Höhlen, denn hier konnten vom mittleren Paläolithikum bis zu den ältesten jungsteinzeitlichen Bauernkulturen durchlaufende Fundschichten festgestellt werden. Damit liegt die vollständigste Schichtenabfolge vor, die von Höhlenfunden in Baden-Württemberg bekannt ist.

Die ▶ Höhle mit drei Eingängen an Nord-, Süd- und Südwest-Seite liegt 18 m über der Talsohle. Neben dem Südwest-Eingang ist noch ein Stück Felsen zu sehen, den die Höhlenbären beim Betreten der Höhle glattgescheuert haben.

Die ältesten Geräte - einige Steinwerkzeuge und zwei Knochenspitzen - aus der Vogelherdhöhle stammen aus der mittleren Altsteinzeit zwischen 50000 und 35000 v. Chr.

Die mächtigste Fundschicht entstammt dem Aurignacien, einer etwa von 30000 bis 27000 v. Chr. datierten Epoche der jüngeren Altsteinzeit. Knochenfunde belegen die Jagd auf Mammut, Ren, Höhlenbär und Wildpferd. Zahlreich vertreten sind aber auch Knochen von Steinbock, Höhlenlöwen, Hyänen, Füchsen und

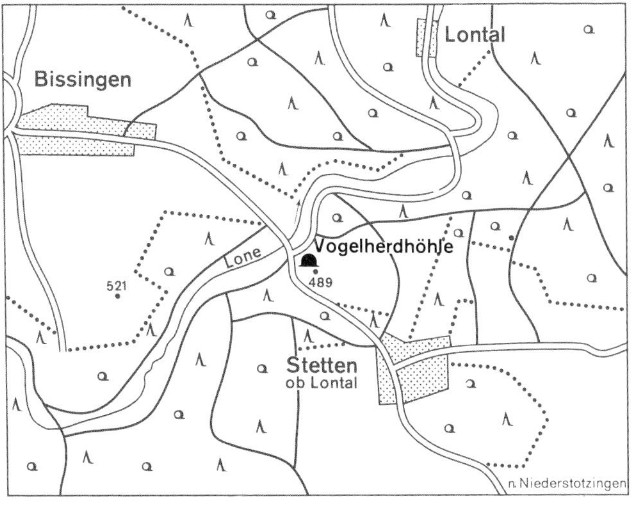

Abb. 87. Niederstotzingen-Stetten. Die Vogelherdhöhle

Abb. 88. Der Südwesteingang zur Vogelherdhöhle

Abb. 89/90. Vogelherdhöhle. Die Wildpferdplastik und die Mammutfigur, beide aus Elfenbein, gehören zu den ältesten Kunstwerken der Menschheit (ca. 30000 vor heute)

Abb. 91. Jäger der jüngeren Altsteinzeit auf der Jagd

Schneehasen. Aus diesen Funden läßt sich die Umwelt des altsteinzeitlichen Menschen gut rekonstruieren. Die Höhle wurde offenbar im Gegensatz zu anderen Rastplätzen von mehreren Familien gleichzeitig aufgesucht, da das Fundmaterial mit Stein- und Knochenwerkzeugen, Elfenbeinfigürchen und Schmuck außerordentlich groß ist.
Zu den bekanntesten Fundstücken gehören die kleinen, etwa 5 bis 7 cm großen Elfenbeinplastiken aus der Vogelherdhöhle. Die verschiedenen Tiere stellen wohl die bevorzugte Jagdbeute des Menschen dar: Mammut, Wollnashorn, Bison und Wildpferd sind vertreten, wobei das Wildpferdfigürchen mit seiner geschwungenen Form besonders gelungen ist.
Im Magdalénien (15000–10000 v. Chr.), der Zeit des „Höheren Jägertums“, wurde die Vogelherdhöhle offenbar nur noch vorübergehend bewohnt, da sie bereits teilweise verfüllt war. Das Knochenmaterial weist gegenüber dem vorhergehenden Aurignacien ein weniger breit gefächertes Spektrum auf.
Der Vogelherd ist die einzige Höhle, die auch noch im Neolithikum aufgesucht wurde. Menschen der ältesten Bauernkultur Südwestdeutschlands haben in der Höhle eine Hockerbestattung angelegt.

Niederschwörstadt → Schwörstadt

Oberkochen, Ostalbkreis

Keller eines römischen Gutshofes
Zufahrt: Von der Landstraße Oberkochen - Unterkochen führt nach etwa 1 km ein kleiner Feldweg in östlicher Richtung direkt zur Ruine.
Das römische Gebäude von Oberkochen gehörte als Wirtschaftsbau zu einem größeren Gutshof, der nach den Funden während des 2. und 3. Jh. n. Chr. besiedelt war. Es liegt auf einer Anhöhe

Abb. 92. Oberkochen. In dem restaurierten Keller sind die Abstellnischen und Lichtschächte sehr gut zu sehen.

über dem Schwarzen Kocher, von der aus sich ein guter Blick in das Flußtal bot.
Erhalten sind nur die ▶ Fundamentmauern aus Kalksteinquadern, dagegen keine Reste des aufgehenden Mauerwerks. Da alle Hinweise auf die Inneneinteilung fehlen, weiß man nicht genau, welchen wirtschaftlichen Zwecken das Bauwerk gedient hat.
An der Südwand des Gebäudes war ein quadratischer ▶ Keller eingebaut. Indem man gleich eine der Gebäudeaußenwände als Kellerwand benutzte, sparte man schon damals Zeit und sicher auch Baukosten. Der Keller war über eine zwischen ihm und der östlichen Außenwand des Gebäudes eingezogenen Rampe zugänglich, die ursprünglich sicher ein bohlenartiger Bretterbelag oder eine Holztreppe verkleidete. Licht erhielten die Keller durch schräge, sich nach oben zu verengende ▶ Lichtschächte in den Außenwänden. Ein weiteres Fenster erhellte den Kellerzugang. In den beiden Nischen in der westlichen Kellerwand wurden entweder Speisen zum Schutz vor kleinen Nagetieren aufbewahrt oder sie dienten zum Abstellen der Öllampe, die den Keller beleuchtete, solange sich dort jemand aufhielt. Ein besonderer Fund war das in der Kellerecke in den Boden eingegrabene Holzfaß, in dem nach botanischen Untersuchungen Getreide lagerte.

Oberriexingen, Kr. Ludwigsburg

Römischer Weinkeller
Zufahrt: Das Zweigmuseum des Württembergischen Landesmuseums »Im Römerkeller« liegt in der Weilerstraße 14. Hinweisschilder zum »Römerkeller« sind im ganzen Ort aufgestellt. Öffnungszeiten nach Vereinbarung.
Das kleine ▶ Museum in Oberriexingen ist dem Weinbau in römischer Zeit gewidmet. Im Eingangsbereich vermitteln zahlreiche Pläne und Bilder den ersten Eindruck, der dann mit verschiedenen originalen Fundstücken ergänzt wird.
Der ▶ Keller selbst gehörte zum Wohnhaus eines römischen Gutshofes. Ursprünglich lag er unter dem die Ecktürme miteinander verbindenden, offenen Säulengang. Von der ermittelten Länge konnte mit 7,5 m knapp die Hälfte erhalten und restauriert werden.
Die Kellerwände waren aus regelmäßig behauenen Muschelkalksteinquadern aufgemauert. In der dünnen Schicht aus Kalkmörtel wurden die einzelnen Steinlagen mit dem Fugeisen nachgezogen und diese Striche dann rot ausgemalt. Nur bei den Fundamenten

Abb. 93. Oberriexingen. Der römische Weinkeller, Zweigmuseum des Württembergischen Landesmuseums

unterhalb des Fußbodens sparte man sich diese Arbeit. Als Fußboden war eine Schicht aus einfachem Sand aufgeschüttet.
▶ Nischen in der Kellerwand haben sich an der Schmal- und einer der Längsseiten erhalten, ein schräg nach oben führender ▶ Lichtschacht in der gegenüberliegenden Längswand. Die Kellerdecke bestand aus quergelegten Holzbalken. Aussparungen für ihre Auflager sind in den Wänden sichtbar. Darüber lag eine Schicht aus dünneren Holzbohlen. Als der Gutshof zerstört wurde, stürzte die brennende Decke auf den Kellerfußboden und ziegelte dabei die ersten Steinlagen der Wände an, deren Verfärbung heute noch sichtbar ist.
Der Keller ist wie in römischer Zeit mit einem originalen ▶ Kellertisch ausgestattet, dessen Sockel schön profiliert ist. In den Nischen stehen Weinkrüge, während die als Vorratsgefäße benutzten Amphoren in den lockeren Sandboden gedreht sind, wo sie den zum Stehen nötigen Halt finden.

Oberspeltach → Frankenhardt

Osterburken, Neckar-Odenwald-Kreis

Römische Kastelle, Badegebäude

Von den beiden Kastellen in Osterburken ist das um 155 n.Chr. gegründete Kohortenkastell südöstlich der Altstadt am Kirnauhang vollständig überbaut, das zwischen 185 und 192 n.Chr. angelegte Annexkastell dagegen in seiner Ausdehnung als ▶ Grünfläche erhalten. Beide Anlagen am vorderen Limes wurden 259/260 n.Chr. während der Alamanneneinfälle zerstört.

Nach den in die konservierte ▶ Kastellmauer eingelassenen drei Bauinschriften errichtete ein Bautrupp der in Straßburg stationierten 8. Legion das Annexkastell. Die für eine Einheit von 130 Mann ungewöhnlich große Garnison konnte wegen des steil abfallenden Geländes nicht so dicht bebaut werden, wie es sonst bei

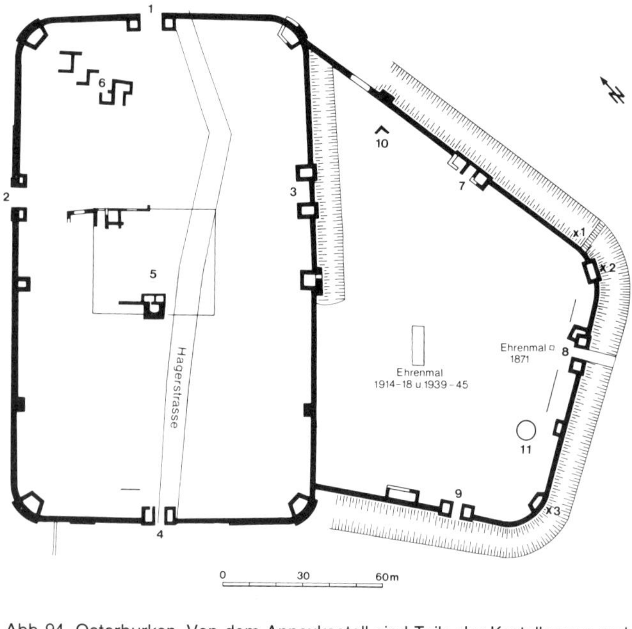

Abb. 94. Osterburken. Von dem Annexkastell sind Teile der Kastellmauer und des Wehrgrabens noch zu sehen

Abb. 95. Das berühmte Mithrasrelief aus Osterburken ist in einer Nachbildung im Römermuseum aufgestellt.

Militäranlagen üblich ist. Obwohl die Umwehrung des Annexkastells mit Mauerfugen an die Nordost- bzw. Südseite des Kastells anstieß, trennte ein der Kastellmauer vorgelagerter Graben während der ganzen Belegungszeit seine Innenfläche von der des Kohortenkastells.

Ein breiter, teilweise erhaltener ▶ Wehrgraben umzog das mit drei Toren versehene Kastell, von dem außer einer Zisterne keine Innenbauten bekannt sind. Zwischentürme und Plattformen für Wurfgeschütze wurden den Süd- und Ostmauern erst nachträglich angesetzt. Vermutlich war der Numerus Brittonum Elantiensium in diesem Kastell stationiert.

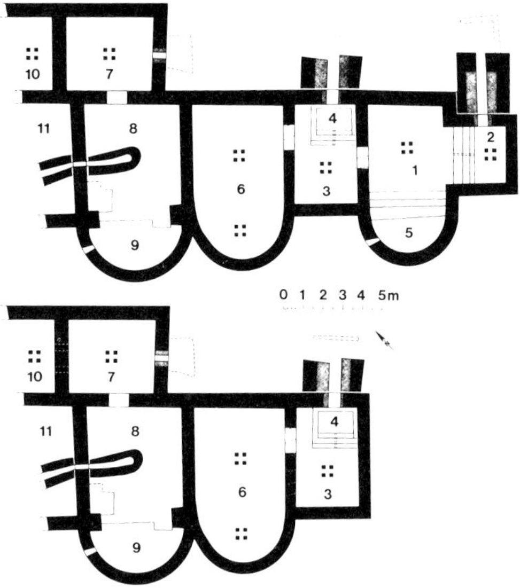

Abb. 96. Römermuseum Osterburken. Plan des Bades (restauriert). 11 Auskleideraum, 8 Kaltbad mit Wanne (9), 7, 10 Schwitzbad, 6 Laubad, 3 Warmbad mit Warmwasserbecken (4), 1 Schwitzbad mit Kaltwasserwanne (5) und Heißwasserbecken (2). Unten das verkleinerte Bad

Das in ein Museum integrierte restaurierte ► Bad in Reihenbauweise könnte von den Soldaten des Annexkastells benutzt worden sein. Die Heißbaderäume 1 und 3 im Ostteil des Bades erwärmte je ein Heizraum. Außer den Heißwasserbecken 2 und 4 stand in der Westapsis auch eine Kaltwasserwanne. Bei allen Becken dienten Einstiegsstufen gleichzeitig zum Sitzen im Wasser. In Raum 1 ist in der Wand noch der ► Mauerabsatz sichtbar, auf dem die Decke des Hypokaustraumes auflag. Die von hier durch die Hohlziegel zum Kamin abziehende Wärme heizte Wände und Becken der Heißbaderäume. Laubad 6 mit einem Kaltwasserbekken in der Süd-Apsis wurde nur von Raum 3 aus indirekt temperiert. Durch eine Lücke im Fußboden konnte die warme Luft einströmen und hier ebenso wie in den Heißbaderäumen durch Hohlziegel zum Kamin hin abziehen. Der ebenfalls mit einer Nische für eine Wanne ausgestattete Raum 8 war das nicht heizbare Kaltbad. So fehlt der erhöhte Fußboden ebenso wie Wände mit Hohlziegeln. In den sich im Norden anschließenden, trocken-

heißen Räumen 7 und 10 unterzog man sich dem einer finnischen Sauna vergleichbaren Schwitzbad. Raum 11 war vermutlich der Umkleideraum. Das wissen wir aber nicht, da in diesem Teil nicht gegraben werden konnte.
Zu Beginn des 3. Jh. n. Chr. wurde die Therme verkleinert. Ob die Unterhaltungskosten für das große Bad zu kostspielig waren oder ob man den Mannschaftsbestand reduziert hatte, bleibt unklar.
Im neuen Römermuseum werden neben einer Replik des Osterburkener Mithrasreliefs die Originalweihesteine aus dem Benefiziarier-Weihebezirk ausgestellt. Die Öffnungszeiten können unter der Telefonnummer (06291/8001) erfragt werden.

Petersfels → Engen

Pforzheim-Hagenschieß

Römischer Gutshof
Zufahrt: Von der Kanzlerstraße (= B 12 bzw. U 7 und U 28) Richtung Eutingen/Mäurach erreicht man die Anlage hangaufwärts über einen asphaltierten, mit Hinweisschild versehenen Waldweg.
Der römische ▶ Gutshof von Pforzheim-Hagenschieß liegt in einem landwirtschaftlich wenig ergiebigen Gebiet des Nordschwarzwaldes. Ausschlaggebend für die Wahl des Platzes war daher vielleicht die römische Fernstraße von Straßburg nach Stuttgart-Bad Cannstatt, die nur 1 km entfernt vorbeizieht.
Die Hofmauer besaß an ihrer Nord- und Südseite durch Zungenmauern zu Einfahrten ausgestaltete Tore. Vor allem an der Ostwange des Nordtores, wo sich der Schwellstein mit dem Toranschlag erhalten hat, sind noch bautechnisch interessante Details wie der originale Eckstein mit der Pfanne für den Türflügelzapfen zu sehen. Zu beiden Toren führten gepflasterte Wege.
An die ▶ Hofmauer schließen sich die Wirtschaftsgebäude 5 und 6 an. Fundamentmauern von Vorgängerbauten konnten vor allem unter dem Getreidespeicher 6 nachgewiesen werden.
Das ▶ Wohngebäude zeigt einen seltenen Grundriß, denn anders als sonst liegen die Räume an der Nord- und Ostseite eines großen Hofes, dessen Eingang zwei nach innen gezogene Mauerwangen betonten. Das zunächst symmetrische Gebäude wurde wenigstens einmal umgestaltet. Der über eine Treppe zugängliche Heizraum, der nur einen Raum erwärmte, lag innerhalb des Gebäudes auf einem tieferen Niveau.

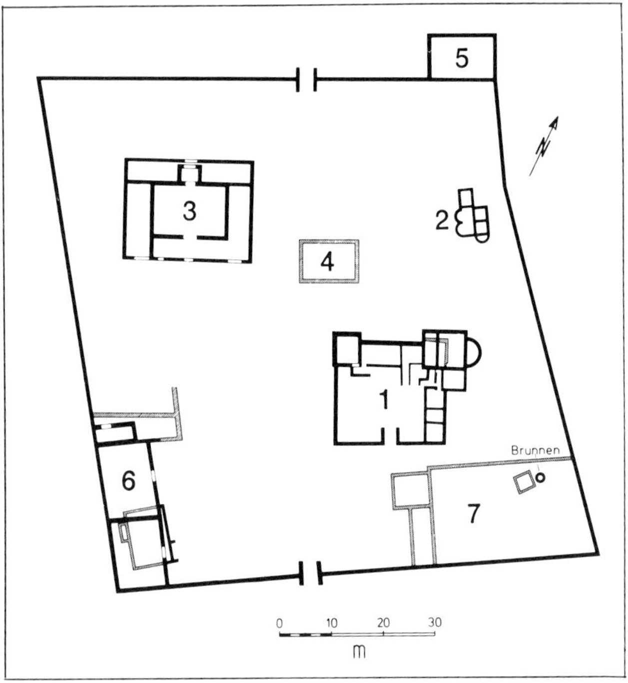

Abb. 97. Pforzheim-Hagenschieß. Römischer Gutshof. 1 Wohnhaus, 2 Bad, 3 Gesindewohnhaus, 4–7 weitere Nebengebäude. Die schwarz ausgezogenen Teile sind sichtbar.

► Gebäude 3 war gleichzeitig Wagenremise und Gesindewohnhaus. Der Kernbau ist erst nachträglich mit niedrigeren Vorräumen in leichter Bauweise umgeben worden. Nach den Funden muß vor allem die nördliche Querhalle längere Zeit bewohnt gewesen sein, während die beiden seitlichen Räume wegen des nicht ausgeglichenen Bodengefälles und der breiten Einfahrten wohl zum Abstellen der Wagen dienten.

Bei dem ► Bad (2) sind Kaltbad mit Badewanne, Übergangsraum, Warmbad und Heizraum freigelegt worden. In den Nischen und über dem Feuerungskanal zwischen Heizraum und Warmbad waren wie üblich Badewannen eingebaut. Von allen Räumen wirkt nur das Warmbad großzügig, das auf der West-Seite die Länge von Kaltbad und Übergangsraum einnahm.

Abb. 98. Blick auf einen Teil des römischen Gutshofs im Wald Hagenschieß

Der wohl in der 1. Hälfte des 2. Jh. n. Chr. entstandene Gutshof ist nach den Funden in der Mitte des 3. Jh. n. Chr. während der Alamanneneinfälle zerstört worden.

Pliezhausen

Merkurrelief
Das ▶ Merkurrelief befand sich zunächst »auf dem Giebel der Kirche« und ist erst seit 1778 links des Kircheneingangs eingemauert. Lange Zeit wurde das Relief von der Gemeinde mit abergläubischer Scheu betrachtet, worauf auch sein Name »Das Teufele« hindeutet.
Das Sandsteinrelief stellt Merkur dar, der nach römischem Glauben den Warenverkehr allgemein, insbesondere aber die »mercatores« (Kaufleute) und »negotiatores« (Händler) schützte.

Abb. 99. Pliezhausen. Merkurrelief an der Kirche

Der unbekleidete Gott steht auf seinem rechten Bein und hat das linke, unbelastete Spielbein leicht angewinkelt. Die Chlamys, ein kurzer, auf der rechten Schulter zusammengesteckter Mantel, den Männer als Reisekleidung oder Kriegsmantel trugen, fällt in lockeren Falten über den linken Arm. Der Gott ist mit seinen kennzeichnenden Attributen ausgestattet, nämlich dem mit Flügeln versehenen Hut und dem Schlangenstab. Dieser Stab stellt ein Glückssymbol dar und geht auf den alten Hirten- und Heroldstab der Griechen zurück. Der Beutel, den Merkur in seiner linken Hand hält, gilt als Symbol des Handels. Darunter ist ein nach links gewendeter Ziegenbock zu sehen. In erster Linie als Opfertier des Gottes geltend, kann es aber auch wie bei dem Relief in Pliezhausen neben Merkur erscheinen. Der fratzenhaft verzerrte Kopf unterhalb des Merkurreliefs stammt aus romanischer Zeit.

Pliezhausen-Rübgarten, Kr. Reutlingen

Lehrpfad Einsiedel
Zufahrt: Von der B 297 Tübingen-Nürtingen an der Abzweigung Kirchentellinsfurt in nördliche Richtung zum Einsiedel.
Der vom Schlößchen Einsiedel ausgehende ▶ Lehrpfad führt an

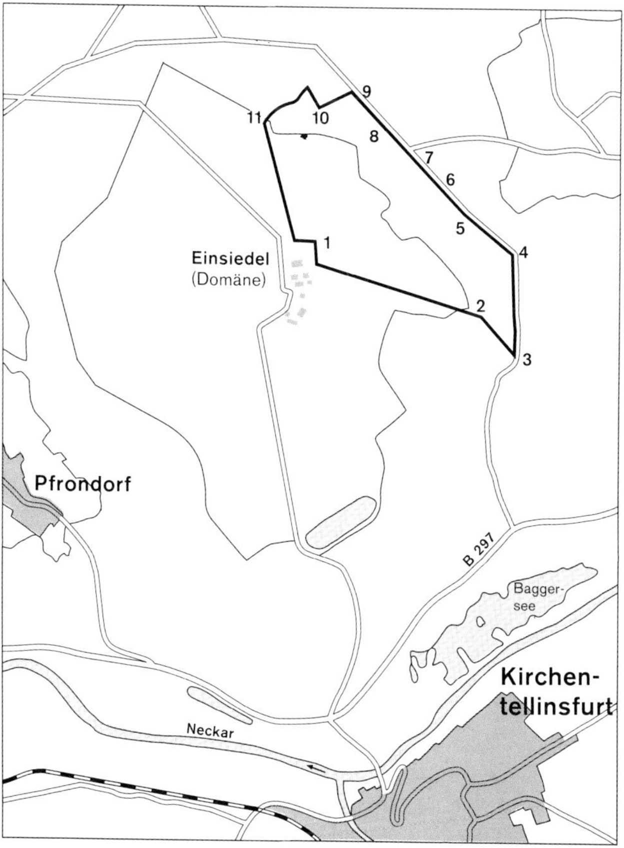

Abb. 100. Pliezhausen-Rübgarten. Lehrpfad Einsiedel. 1 Schlößchen Einsiedel, 4 Grabhügelkette, 7 Viergötterstein, 9 Herekurastein, 10 keltische Viereckschanze

vier verschiedenen archäologischen Objekten vorbei, die im folgenden in der historischen Reihenfolge dargestellt werden sollen. Im einzelnen handelt es sich dabei um frühkeltische Gräber, eine Viereckschanze sowie zwei römische Bildsteine.
Die Grabhügelgruppe (Lehrpfad Nr. 4), an der der Wanderweg vorbeiführt, wurde entsprechend vergleichbaren Anlagen in der Hallstattzeit (7.-5. Jh. v. Chr.) angelegt. Der sog. »Dachsbühl« ist mit dem Durchmesser von 50 m der größte ▶ Grabtumulus von allen im Schönbuch nachgewiesenen Grabhügeln.
Die ▶ Viereckschanze (Lehrpfad Nr. 10), die an ihrer West-Seite einen kleinen Anbau besitzt, weist einen leicht schiefwinkligen Grundriß auf. Die 128-134 m langen ▶ Seitenwälle mit überhöhten Ecken zeichnen sich an Südost- und Südwestseite deutlich ab, sind an den anderen Seiten aber schon stark verschleift. Der den Wall umgebende Graben ist im Gelände fast nur noch als flache Mulde zu erkennen. Vor dem Tor in der Mitte der Südostseite führte eine Holzbrücke über den Graben. Ein auf zwölf Pfosten ruhender Torbau konnte ebenso nachgewiesen werden wie ein leider nicht vollständig untersuchtes Gebäude in der Nordecke der Anlage. Als weitere Siedlungsspuren sind zwei wohl von Hüttenböden stammende Steinpflaster zu nennen.
Eine sich ebenfalls schiefwinklig im Südwesten an die große Schanze anschließende, kleine Viereckschanze ist im Gelände nur noch schwer zu erkennen.
Aus beiden Viereckschanzen stammen neben latènezeitlichem Material auch römische Funde: man hat sie also offenbar nach der Eroberung weiterbenutzt, wenn wir auch nicht wissen, welchen Zwecken sie gedient haben könnten. 1493 gehörten die Schanzen dem Stift St. Peter im Schönbuch.
Bei dem römischen Viergötterstein (Lehrpfad Nr. 7) handelt es sich um den Rest einer Jupitergigantensäule, die einst an dieser Stelle stand. Meistens sind auf ihnen verschiedene Götter, etwa Jupiter, Juno, Venus oder Merkur dargestellt, bisweilen ist auf einer Seite eine Weihinschrift angebracht. Von den hier erhaltenen Reliefs ist lediglich eines zu bestimmen: der Beutel, charakteristisches Attribut des Handelsgottes, bezeichnet die Figur auf dieser Seite als Merkur. Ein Dübel, dessen Bohrloch noch auf der Oberseite des Steins zu sehen ist, verband ihn einst mit den darüberliegenden Teilen des Monuments.
Das Hochrelief einer thronenden, weiblichen Gestalt (Lehrpfad Nr. 8) wurde nahe bei der Viereckschanze aufgefunden. Eine Kopie davon ist am Lehrpfad ausgestellt, das Original aus Stubensandstein befindet sich im Württembergischen Landesmuseum Stuttgart. Der Kopf der sitzenden Figur in langem Gewand ist

Abb. 101. Der Herekurastein am Lehrpfad Einsiedel

stark zerstört. Auf dem Schoß hält sie einen Korb mit Früchten. Nach Vergleichsfunden, auf denen eine solche Göttin als Herekura bezeichnet wird, haben wir hier die Gemahlin des Totengottes Pluto vor uns. Da nach antiken Vorstellungen die Totengötter auch Reichtum und Fruchtbarkeit spenden können, ist der Korb der Herekura wohl als Symbol segenspendender Fruchtbarkeit zu verstehen. Ihr Name ist kaum lateinisch, sondern dürfte aus einem anderen Kulturbereich übernommen worden sein.

Rainau, Ostalbkreis

Römisches Freilichtmuseum am rätischen Limes
Zufahrt: Von Ellwangen oder Aalen über die B 290 bis zur Abzweigung Stausee Buch (Parkplatz beim Ahlbach).
Auf dem 11,5 km langen Rundwanderweg bietet sich die Gelegenheit, alle wichtigen Anlagen und Bauwerke, die das römische Militär zur Sicherung der Nordgrenze der Provinz Rätien errichtet hat, zu sehen. Zur Ergänzung empfiehlt sich ein Besuch des Li-

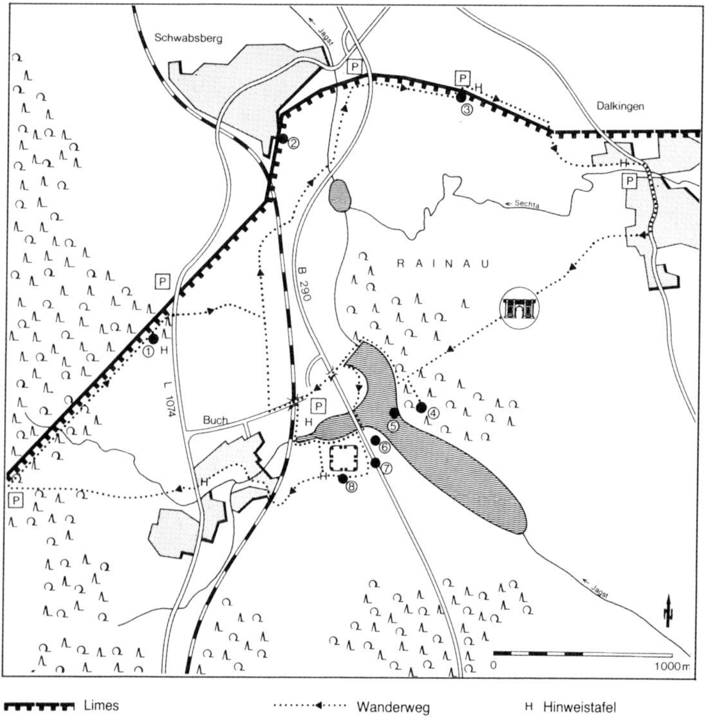

Abb. 102. Limesfreilichtmuseum Rainau. 1 Mahdholz, 3 Limestor Dalkingen, 4 römisches Gebäude, 6 Kastellbad Buch, 7 römische Steinbauten, 8 Kastell Buch

Abb. 103. Limesfreilichtmuseum. Im Mahdholz wurde ein Turm konserviert und ein Stück der rätischen Mauer rekonstruiert

mesmuseums in Aalen, wo die hervorragenden Funde, die bei den neueren Grabungen zum Vorschein kamen, zu bewundern sind.

Nördlich von Buch zeichnet sich im Wald »Mahdholz« der rätische Limes noch als flacher ▶ Wall ab. In den siebziger Jahren des 2. Jh. n. Chr. wurde, nachdem in der Provinz Rätien die Markomanneneinfälle große Schäden angerichtet hatten, die Holzpalisade durch eine Steinmauer ersetzt. Die Wachttürme waren

meist von Anfang an aus Stein erbaut. Diese »rätische Mauer« schützte die Nordgrenze der Provinz Rätien.
Am Rande des Waldes »Mahdholz« ist nach den Darstellungen auf der Trajanssäule ein hölzerner Wachtturm mit Palisade rekonstruiert. Die Bauweise ist unter Fachleuten allerdings umstritten. Der dreigeschossige Turm war nur über eine Leiter im ersten Stock zu betreten. Von der das oberste Geschoß umziehenden Holzgalerie aus beobachteten die Soldaten Tag und Nacht die Grenze. Etwas von dem Wachtturm entfernt verlief die Palisade. Der Zaun bestand aus in der Mitte durchgesägten Eichenstämmen, deren glatte Seiten zur Feindseite wiesen. Innen dienten in vorgearbeiteten Kerben quer angebrachte Holzriegel der notwendigen Versteifung.
Etwas nördlich vom Holzturm befinden sich die konservierten Reste eines ► Steinturms. Von einem älteren Turm, der vorher an dieser Stelle stand, aber etwas größer war, haben sich nur die Fundamentmauern erhalten. Vor der Errichtung der Mauer gegen Ende des 2. Jh. n. Chr. war der ältere Turm abgetragen worden. Der jetzt aus Stein errichtete Schutzwall zog an der Nordostseite über seine Fundamente hinweg.
Neben dem Turm wurde ein Stück der ► rätischen Mauer in ihrer vollen Höhe rekonstruiert. Sie war an ihrer Sohle 1,1 m breit und muß nach antiken Abbildungen fast 3 m hoch gewesen sein. Als Baumaterial diente der hier anstehende, in starker Mörtelverbindung versetzte Angulatensandstein. Bei der Länge von 166 km war der Bedarf an Baumaterial für die gesamte Mauer beträchtlich. Schon aus Zeitgründen wird deshalb darauf verzichtet worden sein, bearbeitete Steine in Lagenmauerwerk zu versetzen, wie es sonst bei römischen Bauten der Fall ist. Am Limes wurde nur unbearbeitetes, allenfalls grob zubehauenes Steinmaterial verbaut. Dafür sind aber die Fugen zwischen den einzelnen Steinlagen hier nachgezogen und stellenweise sogar rot ausgemalt. Diese bei Wohnbauten häufige Technik ist am Limes nicht immer nachzuweisen.
Von dem Turm im »Mahdholz« zieht der Limes in nordöstlicher Richtung über die Jagst hinüber zum Limestor von Dalkingen. Auf der ganzen Strecke ist er zunächst als flacher Schuttwall, später als Hecke im Gelände noch deutlich zu erkennen.
Das ► Limestor von Dalkingen ist ein bisher einmaliges Gebäude am Limes. Von seinen vier Bauphasen ist die jüngste restauriert worden. Wahrscheinlich handelt es sich dabei um eine Feldwache, die einen Limesdurchgang sicherte. Der Limes war in römischer Zeit nämlich keineswegs eine unpassierbare Grenze, wie so oft angenommen wird. In regelmäßigen Abständen gab es

Abb. 104. Limesfreilichtmuseum. Das Limestor bei Dalkingen

Tore, und zu Markttagen durften Völkergruppen aus dem Freien Germanien die Grenze passieren, denen das Recht verliehen worden war, Handel zu treiben. Sicherheitskontrollen übernahmen an solchen »Passierpunkten« stationierte, den Durchgangsverkehr regelnde kleine Truppeneinheiten.
Auch bei dem späteren Steinbau bleibt in Dalkingen die Funktion als »Grenzstation« deutlich erkennbar. Zu beiden Seiten des Eingangs auf der Nordostseite verengten zwei turmartige Zimmer den Durchgang zu einem Torweg. Das machte den Verkehr leichter überschau- und kontrollierbar. Ähnliche Einbauten konnten an dem südlichen Gebäudeende wegen der völlig ausgebrochenen Fundamente nicht mehr festgestellt werden.
Während des letzten Umbaues wurde an der Südseite zum Landesinnern eine reichgegliederte, monumentale Prunkfassade vorgeblendet. Nach den breiteren Fundamentmauern muß dieses in das Landesinnere weisende Tor den übrigen Bau deutlich überragt haben. Das innen verputzte Mauerwerk aus Angulatensandstein verkleideten auf der Schauseite schräg versetzte Kalktuff-

steinplatten. Die Fassade selbst war mit der Nischenarchitektur und den profilierten Gesimssteinen am Übergang vom Sockel zur Wand reich gegliedert und bot einen prachtvollen Anblick, der auch in dem jetzt restaurierten Zustand beeindruckend ist.
Dieses monumentale Tor hat mit der sachlichen Architektur einer Grenzstation eigentlich nichts zu tun. Es könnte aus folgendem, historisch überlieferten Anlaß errichtet worden sein: Im Jahr 213 n.Chr. unternahm Kaiser Caracalla von Rätien aus einen Vorstoß in das Freie Germanien, der vielleicht vom Reiterkastell Aalen aus durch das Limestor von Dalkingen in feindliches Gebiet führte. Nach siegreich beendetem Feldzug nahm Caracalla den Titel »Größter Germanenbesieger« an. Das Tor und eine dort aufgestellte überlebensgroße Statue des Kaisers, von der zahlreiche Bruchstücke gefunden wurden, sollten wohl an seinen Sieg erinnern. Im 3. Jh. n. Chr. brannte es während der Alamanneneinfälle ab.
Die Besatzungen des Wachtturmes im »Mahdholz« und des Limestors bei Dalkingen waren sicher aus dem Kastell Buch abkommandiert, in dem eine 500 Mann starke Truppe lag.
Nach einer kurzen Wanderung am See entlang und über den Steg kommt man zu einem ganzen Ensemble verschiedenster Bauten. Das ► Kastellbad liegt etwa 100 m nordöstlich vom Kastell Buch an einem Abhang zur Jagst. Damit war die Wasserversorgung der mehrfach umgebauten Anlage stets sichergestellt.
Das erste Bad wurde etwa 150 n.Chr. erstellt und im Laufe der Zeit einige Male umgebaut. Hier wird das heute restaurierte Badegebäude vorgestellt. Der Badebesucher betrat von Süden her über einen portikusartigen Gang einen großen Auskleideraum, der gleichzeitig auch als Aufenthaltsraum diente. Von dort ging der Badende in das Kaltbad, in dem sich rechts ein Kaltbadebekken befand. Links (westlich) vom Kaltbad lag der Schwitzraum. Vom Kaltbad gelangte man durch zwei Laubaderäume in das Heißbad, an das westlich ein Badebecken angebaut war. Das Heißbad wurde vom Heizraum im Norden erwärmt, ebenso die beiden Lauräume. Das Schwitzbad hatte einen eigenen Feuerungsraum.
Vom Kastell Buch sind bis jetzt das ► Südtor und Teile der südöstlich anschließenden ► Kastellmauer mit Zwischenturm restauriert.
Das an einem Hügel zwischen Jagst und Ahlbach erbaute, nach Osten hin orientierte Kastell war durch wenigstens zwei Gräben geschützt, von denen der innere deutlich tiefer war als der äußere. Erdbrücken vor den Toren ermöglichten einen ungehinderten Zugang.

Abb. 105. Rainau-Buch. Bronzener Infanteriehelm aus dem Lagerdorf (Limesmuseum Aalen)

Während große Teile der sich südlich und östlich vom Kastell erstreckenden Zivilsiedlung aus Holzbauten bestanden, konnten am nordöstlichen Rand der Siedlung nahe bei dem Kastellbad ▶ zwei große Steinbauten festgestellt werden. Ihre Grundrisse wurden mit neuen Kalksteinen nachgelegt, die originale Bausubstanz dagegen wieder zugedeckt, weil die Unterhaltskosten für die restaurierten Denkmäler zu teuer geworden wären. Diese beiden Steinbauten bilden wohl eine bauliche Einheit.
Der Grundriß von Gebäude 1 ist symmetrisch. Später wurden offenbar zwei Räume angebaut. Der mit einer Vorhalle betonte Eingang in das Haus lag sicher im Westen. Von dem wohl als Halle oder Diele benutzten großen Raum aus waren der nördliche und

Abb. 106. Rainau-Buch. Bronzestatuette des Gottes Mars (Limesmuseum Aalen)

der südliche Gebäudeflügel zugänglich. Diese sind in mehrere kleine, teilweise mit Fußbodenheizung ausgestattete Räume unterteilt. Die Feuerungsräume lagen manchmal außerhalb, manchmal innerhalb des Gebäudes. Obwohl die Funktion der verschiedenen Räume nicht genau zu bestimmen ist, können die heizbaren Räume doch als Wohnräume bezeichnet werden.
Bei dem mehrfach umgebauten ▶ Gebäude 2 handelt es sich um ein Bad. Da es deutlich kleiner ist als das wohl auch von der Zivilbevölkerung mitbenutzte Kastellbad, kann es nur einem bestimmten, nicht allzu großen Personenkreis zugänglich gewesen sein.

Auch dieses ▶ Bad besitzt die wichtigsten Räume. Der nicht heizbare Raum war das Kaltbad. Hier legte man vor dem Baden auch die Kleider ab. In den von einer grubenartigen Feuerstelle an der Westseite aus erwärmten Räumen ist das Warmbad zu lokalisieren. Vielleicht war eine noch besonders heizbare Raumekke als Schwitzbad abgetrennt. Reste von Badewannen konnten an der Westseite über dem Feuerungskanal nachgewiesen werden. Der mit einer in Rätien seltenen Kanalheizung ausgestattete Raum diente sicher als Laubad.

Abb. 107. Rainau-Buch. Bronzekanne (Limesmuseum Aalen)

Interessant ist ein Grundrißvergleich zwischen dem Kastellbad und dem kleinen Badehaus. Während dort die Räume so aneinandergereiht sind, daß der Besucher während des Badens zweimal dieselben Räume benutzen mußte, liegen sie hier ringförmig hintereinander. Vom Auskleideraum/Kaltbad ging man in das Heißbad und von dort aus durch das Laubad zurück in den Auskleideraum, ohne dieselben Räume noch einmal zu betreten. Diese Bauweise findet sich bei kleinen Privatbädern vom 1. bis zum 3. Jh. n. Chr. häufig. Bei den großen öffentlichen Thermenanlagen setzte sich dagegen seit dem 1. Jh. n. Chr. die Reihenbauweise durch, die auch das Militärbad in Buch zeigt.
Es ist nicht ganz leicht, dieses während des späten 2. Jh. n. Chr. errichtete Gebäudeensemble zu deuten. Vielleicht handelte es sich um den repräsentativen Wohnbau eines städtischen oder militärischen Beamten, vielleicht aber auch um ein neben der hier gesicherten römischen Straße errichtetes Unterkunftshaus für Reisende.

Riegel, Kr. Emmendingen

Mithrasheiligtum
Zufahrt: Am westlichen Gartenrand des Erzbischöflichen Kinderheims St. Anton.
Wer heute das schlichte ▶ Mithrasheiligtum (Mithräum) von Riegel besucht, vermag sich nur schwer vorzustellen, welche Faszination ein solcher Tempel einmal ausgeübt hat.
In römischer Zeit mußte man über eine Treppe oder eine Rampe zum Mithräum hinabsteigen, denn die Gebäude waren wenigstens z. T. in die Erde eingetieft. Vor dem eigentlichen Tempelraum lag eine kleine, wahrscheinlich hölzerne Vorhalle. Zwei Steine als Auflager der Holzpfosten konnten an der Ostseite noch nachgewiesen werden. Das aus Bruchsteinmaterial errichtete Mauerwerk war hier ebenso wie im Innenraum mit grob zubehauenen Sichtquadern verblendet. Der Oberbau des Tempels bestand dagegen aus leichtem Fachwerkbau.
In der kleinen Eingangshalle standen Altäre oder Weihesteine, von denen sich in Riegel noch zwei fanden.
Sobald der Besucher den Innenraum betrat, fiel sein Blick zuerst auf das Kultbild am Ende des Mittelganges. Auf diesen Steinen ist häufig dargestellt, wie Mithras einen Stier tötet und damit den Gläubigen das ewige Leben sichert. Obwohl sich in Riegel das

Abb. 108. Mithräum mit Mithrasrelief an der Stirnwand (Rekonstruktionszeichnung)

originale Kultbild nicht erhalten hat, können wir uns anhand zahlreicher Mithrassteine ungefähr vorstellen, wie es ausgesehen haben muß.
Zu beiden Seiten des vertieft liegenden Mittelganges waren Podien angelegt, die sicher wie der Gang mit Holzbalken abgedeckt waren. Auf diesen Bänken lagen die Besucher - ausnahmslos Männer - während der Gottesdienste. Von dem ausschließlich für den Kultgebrauch bestimmten Geschirr fanden sich innerhalb des Mithräums besonders in der Vorhalle zahlreiche, vollständig erhaltene Gefäße.
Das Mithräum wurde in der Mitte des 2. Jh. n. Chr. erbaut. Bestanden hat es bis zum 3. Jh. und ist dann allmählich so bedeutungslos geworden, daß die Anlage langsam zerfiel.

Rißtissen → Ehingen
Rotenbachtal → Schwäbisch Gmünd
Rommelshausen → Kernen

Rosenfeld, Zollernalbkreis

Römischer Gutshof

Zufahrt: Der restaurierte Teil des Gutshofs ist im Neubaugebiet nördlich der Altstadt am Drosselweg zu besichtigen.

Das Gebäude von Rosenfeld liegt wie fast alle römischen Gutshöfe an einem nach Osten hin sanft abfallenden Hang, an dessen Fuß hier der Weingartenbach vorbeifließt. Von den beiden nachgewiesenen Gebäuden ist nur das westliche ausgegraben und sein ▶ Westteil als Freilichtanlage restauriert.

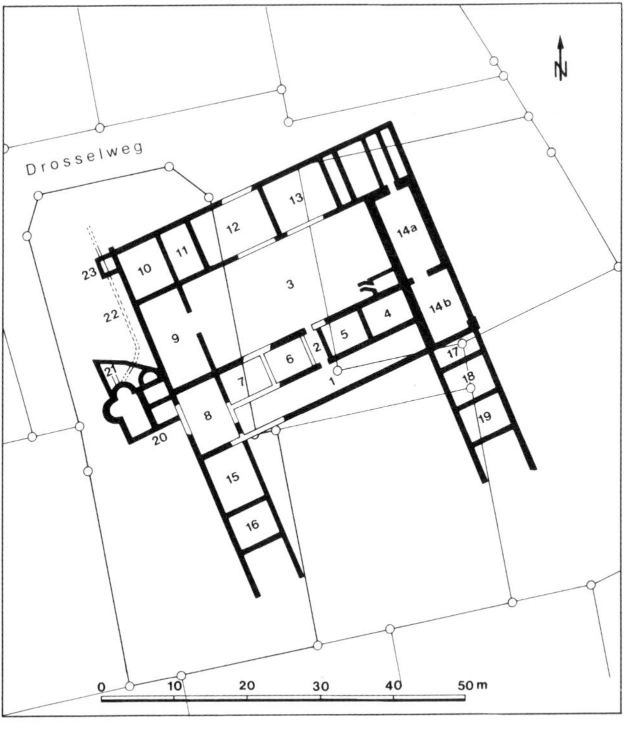

Abb. 109. Der römische Gutshof in Rosenfeld. 1 Säulenhalle, 2 Gang, 3 offener Innenhof, 4–13 Wohn- und andere Räume, 14a, b, Keller, 15–19 Räume unbekannter Funktion, 20 Bad, 21 Feuerungsraum, 22 Abwasserkanal, 23 Toilette

Bei ihm handelt es sich um eine ▶ Villa mit Ecktürmen (Räume 8 und 14b), die ein Säulengang (1) miteinander verband. An ihren Schmalseiten sind später Flügelbauten (Räume 15–19) angesetzt worden. Wegen ihrer Lage außerhalb des eigentlichen Hauses wird man an Handwerks- oder Arbeitsräume denken können.
Durch eine schmale Pforte (2) gelangte der Besucher von dem Säulengang aus in den nicht überdachten Innenhof, zu dem sich die umliegenden Räume öffneten. Einige von ihnen müssen als Wohnräume benutzt worden sein. Unter den Räumen 14a und 14b waren Keller eingebaut. Die dafür verstärkten ▶ Mauern sind leicht zu erkennen.
Ein ▶ Badetrakt (20) ist nachträglich an der Westseite des Hauses angefügt worden. Der große Raum hat sicher als Warmbad gedient. Er wurde von Raum 21 aus beheizt. In den Nischen waren Badebecken eingebaut. Das Kaltbad, in dem sich ein ebenfalls halbrundes Badebecken findet, schloß direkt an die Hausmauern an. Der Übergangsraum zwischen Heiß- und Kaltbad lag südlich davon. Ganz modern mutet der Anbau einer Toilette (23) an der Nordwestecke des Gebäudes an, die durch die Abwässer des Bades gespült wurde.
Es ist nicht sicher, welchen Zwecken das Gebäude von Rosenfeld diente. Der östliche, bisher nur aus Luftaufnahmen bekannte Bau scheint fast ebenso groß gewesen zu sein. Ein römischer Gutshof mit zwei annähernd gleich großen Hauptgebäuden wäre ungewöhnlich. Gegen ein den modernen Hotels vergleichbares Unterkunftshaus spricht, daß es von der hier sicher nachgewiesenen römischen Straße zu weit entfernt liegt.
Das Gebäude von Rosenfeld ist errichtet worden, nachdem die Römer um 100 n. Chr. das Voralpenland erobert hatten. Es kann nicht länger als bis in die Zeit der Alamanneneinfälle, also bis in die 1. Hälfte des 3. Jh. n. Chr., bestanden haben.

Rottenburg, Kr. Tübingen

Römisches Bad und Wasserleitung
Das Bad liegt unter dem Eugen-Bolz-Gymnasium und ist als Museumsraum zugänglich.
Rottenburg gehörte seit dem ausgehenden 2. Jh. n. Chr. zu den größeren Städten der römischen Provinz Obergermanien. Als Verwaltungsmittelpunkt reichte das Einflußgebiet des in einheimischer Tradition Sumelocenna heißenden Ortes weit in das Neckarland hinein. Von der antiken Stadt können noch ein kleines

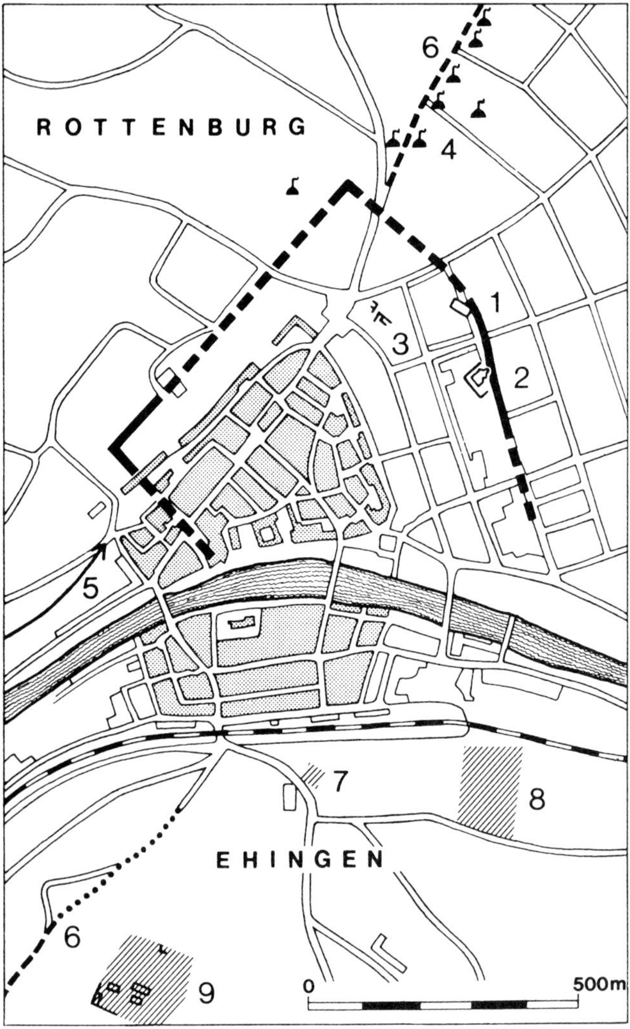

Abb. 110. Das römische Rottenburg. Sichtbar: 2 Bad II unter dem Eugen-Bolz-Gymnasium, 5 römische Wasserleitung. Nachgewiesen sind: Bad I (1) Bebauung am Eugen-Bolz-Platz (3), Töpfereien (4), Straße nach Köngen (6), Gutshöfe (7–9)

Abb. 111. Rottenburg. Das restaurierte Bad während der Ausgrabung (1962)

▶ Bad sowie Teile der auf einer längeren Strecke erhaltenen
▶ Wasserleitung besichtigt werden.

Das in römischer Zeit am Ortsrand gelegene Bad besteht aus fünf Räumen. Der außen dunkelrot-violett getünchte Bau war von einer weiß verputzten Mauer umgeben.

In dem kleinen, unbeheizten Raum wurden die Kleider abgelegt. Wozu der nachträglich vermauerte Bogen in der nördlichen Außenwand gedient hat, ist bisher nicht geklärt. Bei dem leicht erwärmten Übergangsraum sind in der Südostecke die Fußbodenheizung sowie der in den Raum führende Heizkanal erhalten. Zum Kaltbad gehörte das tieferliegende Kaltwasserbecken, das man über zwei Stufen betrat. Hier hat sich in der nördlichen Außenwand der gewölbte Abwasserkanal erhalten. Beim Baden verspritztes Wasser wurde auf dem nach Norden zu leicht abfallenden Boden des Kaltbades durch einen Abfluß ebenfalls in den Abwasserkanal geleitet. Ein Viertelrundstab dichtete in diesem »nassen Raum« ebenso wie im Badebecken den Übergang vom Fußboden zur Wand ab. In den drei Apsiden des Warmbades waren Badebecken bzw. -wannen eingebaut. Der Raum konnte von zwei Heizstellen vor der Nord- und Ostapsis erwärmt werden. In der Nordapsis hat sich der sorgfältig gesetzte Mauerbogen der Heizöffnung vollständig erhalten. Ansätze vom Tonnengewölbe des Warmbaderaumes sind ebenfalls noch sichtbar.

Zahlreiche Wandverputzreste lassen die reizvolle Innendekoration der Baderäume ahnen. So war das Badebecken mit Fischdarstellungen ausgemalt, der Kaltbaderaum selbst im unteren Teil rot, im oberen über einer weißen Linie schwarz getüncht. Die geometrischen Ornamente des Warmbaderaumes müssen dagegen mit ihren verschiedenen Farben sehr lebhaft gewirkt haben.

Ein im rechtsrheinischen Gebiet selten nachgewiesenes Boden-

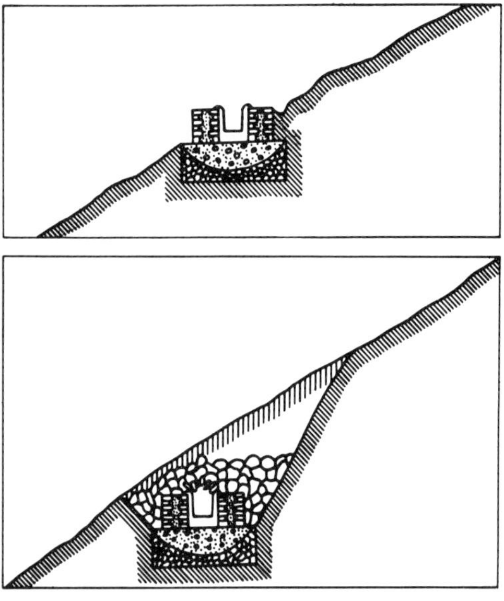

Abb. 112. Querschnitt durch die römische Wasserleitung vom Rommelstal nach Rottenburg

denkmal ist die römische ► Wasserleitung, durch die Sumelocenna vom Rommelstal, einem Seitental des Neckars, Wasser erhielt. Auf einem Fundament saß ein vorzüglich gemauerter, vollständig mit Ziegelbeton ausgekleideter Kanal auf. Zunächst offen, wurde er später stellenweise überwölbt. Bei einem Gefälle von nur 0,2‰ flossen 74 l/sec in einen großen Sammelbehälter in der Stadt. Sofern die privaten Haushalte nicht ebenso wie die öffentlichen Gebäude, etwa Thermen, an die Wasserleitung angeschlossen waren, holte sich die Bevölkerung täglich an diesem Sammelbecken das benötigte Wasser.
Unmittelbar südlich des Eugen-Bolz-Platzes im oberen Teil des zugefüllten mittelalterlichen Stadtgrabens ist ein Stück der Wasserleitung aufgestellt. Im Gelände ist sie nördlich und südlich von Obernau zugänglich.

Rottweil

Römische Badeanlage
Zufahrt: Das Bad im Nikolausfeld liegt an der B 14 (Richtung Tuttlingen) neben der Ruhe-Christi-Kirche und dem Friedhof.
Die römische ► Badeanlage im Nikolausfeld gehört zu den größten Thermenbauten des südwestdeutschen Raumes. Sie wurde zu Beginn des 2. Jh. n. Chr. erbaut und bestand bis in das frühe 3. Jh. n. Chr.
Das Gebäude ist fast axialsymmetrisch angelegt. Die einzelnen Räume wurden dabei so aneinandergereiht, daß jeder Besucher während des Badeablaufs zweimal dieselben Räume zu benutzen hatte.
Zunächst betrat man einen der beiden Auskleideräume, um die Kleider abzulegen. Von dort begab man sich direkt durch den Lauraum in das Heißbad. Dieser Raum wurde durch eine von drei Seiten befeuerte Fußbodenheizung besonders erwärmt. Die stark aufgemörtelten, gut erkennbaren Zungenmauern dienten zugleich als Unterbau für die Badewannen. Weitere Becken waren in den Apsiden des Raumes eingebaut.
Nachdem der Besucher gebadet hatte, ging er zurück in den Übergangsraum, der nur leicht erwärmt war und den starken Temperaturunterschied zwischen Heiß- und Kaltbad milderte. In den rechteckigen Nischen standen mit kaltem Wasser gefüllte Becken. Das große Becken des Kaltbaderaumes enthielt ebenfalls kühles Wasser, mit dem man sich am Ende eines Bades erfrischte, aber auch abhärtete. Nur Männer besuchten das einer finnischen

Abb. 113. Rottweil. Die große restaurierte Badeanlage im Nikolausfeld

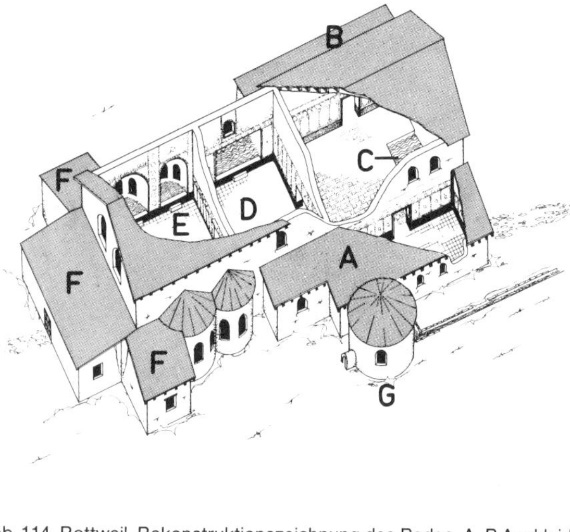

Abb. 114. Rottweil. Rekonstruktionszeichnung des Bades. A, B Auskleideraum, C Kaltbad, D Laubad, E Warmbad, F Feuerungsräume, G Schwitzbad

Abb. 115. Mosaikboden mit der Darstellung des Orpheus (Stadtmuseum Rottweil)

Sauna vergleichbare Schwitzbad, das in dem kleinen runden Anbau untergebracht war.

Die Innenräume des Rottweiler Bades müssen kostbar ausgestattet gewesen sein. Reste eines zweifarbigen Mosaikfußbodens aus schwarzen und weißen Steinen konnten im Heiß- und Laubad

beobachtet werden. Statuen standen in den Nischen zu beiden Seiten des Badebeckens. Sie könnten Mitglieder des Kaiserhauses, Götter oder Stifter dargestellt haben. Bekannt sind auch Reste einer farbig bemalten Wanddekoration.
Das Stadtmuseum in der Hauptstraße 21 bietet dem Besucher einen guten Überblick über die Stadtgeschichte seit der römischen Zeit. Öffnungszeiten: Mo-Sa 9-12 Uhr und 14-17 Uhr, So 10-12 Uhr. Zu besichtigen sind auch noch die Hypokaustanlage eines Bades unter der Pelagiuskirche über eine Treppe an der Nordostecke und ein ehem. Kaltwasserbecken, das auch in der Kirche gefunden wurde und jetzt auf modernem Steinaufsatz am Westportal steht.

Rotwildpark → Stuttgart
Rübgarten → Pliezhausen
Runder Berg → Bad Urach

Sasbach, Kr. Emmendingen

Keltisches Oppidum auf dem Limberg
Weithin sichtbar erhebt sich der Limberg in der Oberrheinebene nordwestlich des Kaiserstuhls über einem im Gelände noch erkennbaren alten Flußlauf. Das ursprünglich durch Kuppen und Einschnitte gegliederte Bergplateau ist heute stark eingeebnet.
Der markante Bergsporn war bereits früh besiedelt, zumal er dicht an zwei wichtigen Verbindungsstraßen lag. Eine Ost-West-Route führte von Zentralfrankreich durch den Schwarzwald zur Donau und weiter nach Osten, eine Nord-Süd-Straße verband Oberrhein und Niederrhein. Von den ältesten Umwehrungen aus der Jungsteinzeit (Neolithikum) und der Hallstattzeit sind nur noch kleine Abschnitte erhalten.
Während der späten Latènezeit war das Hochplateau im Norden durch einen starken ▶ Abschnittswall zwischen den Steilhängen geschützt, der auf der Westseite in einen deutlich erkennbaren ▶ Randwall überging. Neuzeitliche Rebterrassierungen haben ihn auf der Ostseite völlig zerstört. Das Material für den an der Außenfront mit Steinen verblendeten Wall wurde beim Aushub des davor liegenden Grabens gewonnen. Ein Tor wird dort vermutet, wo auch heute noch der von Norden kommende Weg auf den Gipfel führt. Offenbar war der gesamte Innenraum von 10 ha besiedelt.
Das kleine Oppidum wurde nach dem sehr einheitlichen Fundmaterial wohl im späten 1. Jh. v. Chr. neu gegründet. Die auf

Landsuche von Südwestdeutschland nach Gallien vorgedrungenen Keltenstämme waren bei Bibracte (Mont Beuvray bei Autun) von C. Julius Caesar vernichtend geschlagen worden und hatten sich bedingungslos ergeben. Caesar ernannte die Stämme zu Bundesgenossen und betraute sie mit Sicherungsaufgaben im Grenz-

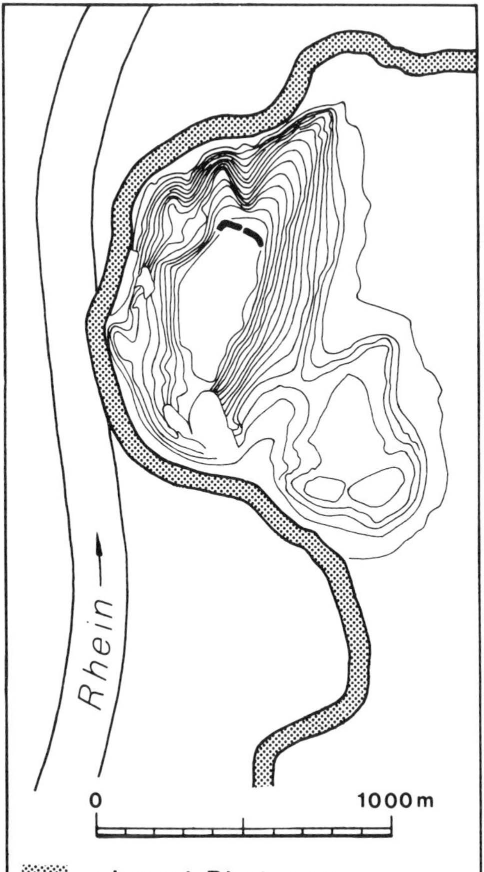

Abb. 116. Sasbach. Das keltische Oppidum auf dem Limberg

bereich. Vielleicht ist damals auch der an einem strategisch wichtigen Rheinübergang gelegene Limberg auf Befehl Caesars besiedelt worden. Von der keltischen Bevölkerung wurde er bereits zwischen 15 und 10/9 v. Chr. wieder verlassen. Ob das freiwillig geschah oder ob die Römer die Siedlung gewaltsam einnahmen, entzieht sich unserer Kenntnis. Danach legten die Römer auf dem Hochplateau innerhalb des spätkeltischen Oppidums ein kleines Lager an, dessen Tor südlich des Walldurchgangs nachgewiesen ist. Die Garnison diente den von der Oberrheinebene aus operierenden Legionen als Flankenschutz. Nachdem in claudischer Zeit das Gebiet zwischen Oberrhein und Donau endgültig unterworfen war, entstand in der Ebene unweit des Rheinübergangs am Limberg ein neues Lager.

Schelklingen, Alb-Donau-Kreis

Sirgensteinhöhle
Zu den vorgeschichtlichen Raststationen des Achtales gehört der Sirgenstein. Die ▶ Höhle liegt am Nordhang in dem dort anstehenden Massenkalk. Hinter einer gegen Witterungseinflüsse geschützten Terrasse öffnet sich der durch Nischen und Gewölbe reich gegliederte Eingangsbereich. Zwei Deckendurchbrüche lassen im Höhleninnern Tageslicht in den kuppelartig gewölbten Raum einfallen. Der rückwärtige Teil der nach Norden umbiegenden Höhle steigt stark an und verengt sich schließlich zu einem schmalen Loch, durch das man nicht weiter vordringen kann.
Bedeutend ist der Sirgenstein für die Vorgeschichtsforschung durch die hier erstmals vollständig nachgewiesene Schichtenabfolge der mittleren und jüngeren Altsteinzeit, die den Höhlenfunden in Frankreich entsprach. Dort waren am Ende des letzten Jahrhunderts die typischen Fundinventare zutage gekommen, nach denen die einzelnen Zeitabschnitte benannt worden sind.
Zu den Funden der mittleren Altsteinzeit (60000-40000 v. Chr.) gehören vor allem Knochen der Höhlenbären, die für den Winterschlaf unbewohnte Höhlen aufsuchten. Da ältere, kranke Tiere sowie die besonders gefährdeten Jungbären während des Winterschlafs häufig starben, braucht es sich nicht bei allen Knochenfunden um menschliche Jagdbeute zu handeln. Auf die Anwesenheit der Jäger lassen andererseits Knochen von Wildpferden, Rentieren, Mammut, Wildrindern, Steinböcken sowie Raubtieren

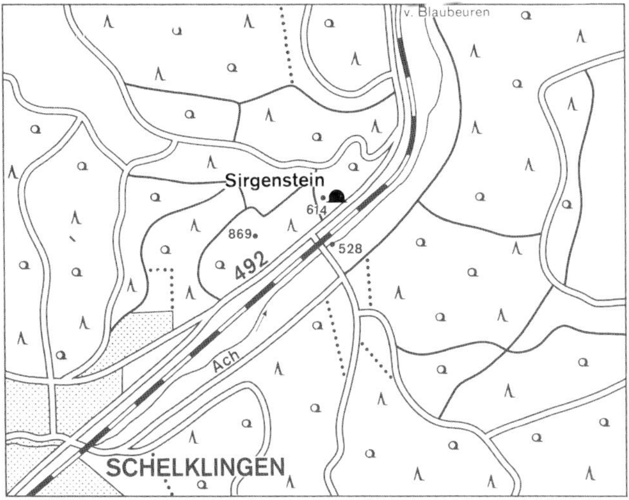

Abb. 117. Schelklingen. Die Sirgensteinhöhle

schließen. Sie wurden zur Gewinnung des Knochenmarks aufgeschlagen, die Knochensplitter anschließend als Brennmaterial benutzt.

Zahlreicher treten von den Jägern angefertigte Werkzeuge erst in der jüngeren Altsteinzeit (35000–10000 v. Chr.) auf. Als Material verwendete man außer Tierknochen und -geweihen Elfenbein, aus denen Speerspitzen und Ahlen, aber auch Schmuckstücke gearbeitet wurden. Werkzeuge aus Hornstein sind in charakteristischer Weise als längliche, schmale Klingen von größeren Silexknollen abgespalten. Häufigste Jagdbeute bilden noch während dieser Zeit Wildpferd, Rentier und Mammut. Da bei den Knochenfunden auch Schneehasen und -hühner vertreten sind, herrschte offenbar ein kälteres Klima.

Der Fundanfall aus der Sirgensteinhöhle ist nicht allzu groß. Wahrscheinlich haben sich hier die während des größten Teils des Jahres frei umherziehenden Jäger nur kurz aufgehalten.

Schirenhof → Schwäbisch Gmünd

Römisches Bad Schirenhof und Beginn der rätischen Mauer im Rotenbachtal

Von dem um 150 n. Chr. gegründeten Kastell Schirenhof selbst haben sich keine sichtbaren Reste mehr erhalten, obwohl Teile der Anlage auf einem Bergsporn ergraben werden konnten. Restauriert ist dagegen das südwestlich der Garnison gelegene ▶ Kastellbad.

Die zunächst schlichte, nur mit den notwendigen Räumen ausgestattete Badeanlage wurde bis ins 3. Jh. n. Chr. laufend ausgebaut. Nach einem in Holzfachwerk ausgeführten Vorbau, dem Aufenthaltsraum, betrat man den großen Auskleideraum. Westlich von ihm schloß sich das Kaltbad an. Diesem folgten in südlicher Richtung zwei Laubaderäume, von denen einer mit einer Apsis

Abb. 118. Schwäbisch Gmünd. Das restaurierte Kastellbad Schirenhof

Abb. 119. Schwäbisch Gmünd. Quellnymphe aus dem Bad (Kopie aufgestellt)

ausgestattet war. Ihnen folgte das Warmbad. Es wurde ebenso wie die Laubaderäume von einer Heizstelle außerhalb des Badegebäudes beheizt (Rekonstruktion in einem Laubaderaum). In der restaurierten Baderuine ist die Kopie eines als Quellnymphe aufgestellten Wasserspeiers, die bei Ausgrabungen geborgen worden war. Ähnlich aufwendig skulptierte Wasserspeier gab es auch in anderen Thermen häufig. In der spätesten Bauphase wurde die Badeanlage nach dem Abzug eines Teiles der Kastellbesatzung wieder verkleinert.

Nur wenig vom Kastell Schirenhof entfernt hat sich im Rotenbachtal ein wichtiger Punkt des römischen Limes erhalten. Während die Grenze in der Provinz Rätien (heute östliches Baden-Württemberg und westliches Bayern) durch eine bis zu 3 m hohe

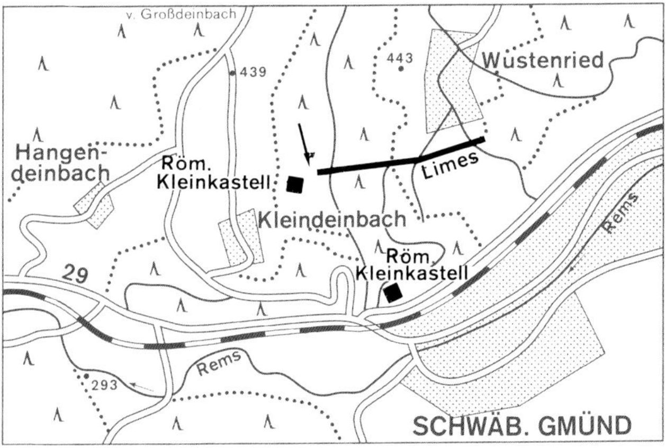

Abb. 120. Schwäbisch Gmünd. Grenze zwischen Obergermanien und Rätien. Beginn der rätischen Mauer

und 1,2 m breite Mauer markiert war, sicherte in der Provinz Obergermanien (westliches Baden-Württemberg und Hessen) ein Graben mit Wall und Palisade ihren Verlauf. Der Beginn der ► »rätischen Mauer« ist am westlichen Abhang des Rotenbachtales nachgewiesen. Von ihr haben sich dort mehrere Lagen grob behauener Quader aus Liassandsteinen erhalten. Neben dem Mauerbeginn ist die Kopie eines wohl den Grenzgottheiten geweihten ► Altars aufgestellt.
Die als ► flacher Schuttwall gut kenntliche Mauer zieht zum Rotenbachtal hinab und durchquert dort den Fluß. Auch in seinem Bett sind heute noch Mauerreste zu sehen. Auf der Ostseite verläuft die mit 0,6 m Höhe gut erhaltene Mauer, vom serpentinenförmig angelegten Wanderweg begleitet, geradlinig den steilen Hang hinauf. Während des Aufstiegs bietet sich vom Wanderweg aus immer wieder ein guter Blick auf den Verlauf der Grenzmauer im Rotenbachtal.

Schwenningen → Villingen

Abb. 121. Rotenbachtal. Der Mauerbeginn mit dem Altar für die Grenzgottheiten

Schwörstadt-Niederschwörstadt, Kr. Lörrach

Megalithgrab »Heidenstein«
Der »Heidenstein« bei Niederschwörstadt steht am Fuß des Dinkelberges auf der Niederterrasse des Rheins. Das nur etwa 200 m breite Ufer war hochwasserfrei, sonnig und vor Westwinden geschützt, aber für Siedlungen zu klein. Hier konnte der vollständige Grundriß eines jungsteinzeitlichen Grabes freigelegt werden.
Der nur wenig aus der Ostachse verschobene ► »Heidenstein« besteht aus einer einzigen Platte des örtlich anstehenden Muschelkalks. In dem etwa 60 Zentner wiegenden, trapezförmigen Stein von 2,3 m Höhe war ein sich an Vorder- und Rückseite leicht erweiterndes »Seelenloch« angebracht. Es sollte der sich

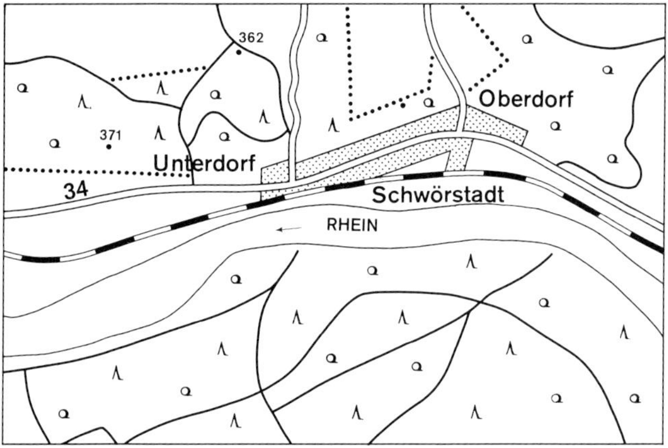

Abb. 122. Schwörstadt-Niederschwörstadt. Megalithgrab

nach damaligem Glauben frei bewegenden Seele jederzeit den Zugang zum Körper ermöglichen und diente gleichzeitig dazu, im Grab Opfergaben für die Toten niederzulegen. Die anderen Seiten der Grabkammer bildeten mächtige, an den sauber abgearbeiteten östlichen und westlichen Rückseiten des »Heidensteines« ansetzende Sandsteinmonolithe. Auf den leicht nach innen geneigten Steinen lag als Decke eine nicht mehr aufgefundene Sandsteinplatte.

Der Boden der nach hinten schmäler werdenden Grabkammer war mit 0,05 m dicken Sandsteinplatten ausgelegt, deren Ränder man zwar nicht bearbeitet, aber sorgfältig aneinandergepaßt hatte. Unklar bleibt, wo der Zugang lag.

Das vor dem Dinkelberg weithin sichtbare Grab wurde während des 2. Jahrtausend v. Chr. am Übergang von der Jungsteinzeit zur Bronzezeit angelegt. Insgesamt waren hier in Rückenlage 19 nach Osten orientierte Tote mit zahlreichen Beigaben bestattet worden. Ein Brandgrab stammt von der Wende zum 1. Jahrtausend v. Chr.

Das Megalithgrab von Niederschwörstadt ist in der Gruppe der Steinkistengräber durch seinen monumentalen Aufbau aus nur fünf Steinen und seine enorme Größe besonders ausgezeichnet. Menhire sind in dem siedlungsfreundlichen Gebiet am Rheinknie in nächster Nähe des »Heidensteines« bei Nieder-Dossenbach

Abb. 123. Das jungsteinzeitliche Grab (Höhe 2,3 m) mit dem »Seelenloch«

(»Hunnenstein«) und Brennet nachgewiesen, vergleichbare Gräber aus der Schweiz bekannt. Innerhalb dieser Denkmälergruppe gehört das Steinkistengrab des »Heidensteins« zu den gewaltigsten Monumenten, die in der späten Jungsteinzeit angelegt worden sind.

Sirgenstein → Schelklingen
Stein → Hechingen

Steinheim a. d. M., Kr. Ludwigsburg

Römischer Steinbruch
In Steinheim konnten 1974 Spuren eines römischen Steinbruchs festgestellt werden. Der hier anstehende Lettenkeupersandstein ist damals gern für Inschriftensteine oder Skulpturen verwendet worden, weil sich das Material leicht bearbeiten läßt.
Das Steinmaterial wurde in Blöcken abgetragen. Dazu bohrte man in regelmäßigen Abständen von ca. 5 bis 12 cm Löcher in das anstehende Gestein, in die angefeuchtete Holzpflöcke von ent-

Abb. 124. In einem römischen Steinbruch (Rekonstruktionszeichnung)

Abb. 125. Rohling für einen Weihestein aus dem römischen Steinbruch. Zu sehen im Stadtpark von Steinheim a. d. Murr

sprechender Größe gesteckt wurden. Durch die Temperaturunterschiede zwischen Tag und Nacht dehnte sich das Holz aus und sprengte auf diese Weise allmählich die Steinblöcke ab. Wenn ein Steinmetz sehr geschickt war und die Holzkeile an den richtigen Stellen ansetzte, konnte er sogar den Bruch des Steinmaterials in Säulenform erreichen. Weitere Hilfsmittel im Steinbruch waren Hebewerkzeuge und Flaschenzug. Sehr weiche Gesteine wie Tuffe oder Travertine konnten auch gesägt werden. Dieses Material baute man gerne unter Tage ab, weil sich die Steine an der Luft rasch härteten und dann wesentlich schwerer zu bearbeiten waren.
Der Steinbruch von Steinheim wurde im Tagebau betrieben und die Blöcke noch an Ort und Stelle roh vorgearbeitet. Damit vermied man einerseits den Transport unnützen Steinmaterials und konnte gleichzeitig überprüfen, ob sich ein Rohling für Inschriftensteine, Altäre und Skulpturen eignete oder ob Fehler im Gestein ihn nicht verwendungsfähig machten.
Ein ausgebaggerter, in Steinheim abgearbeiteter ▶ Rohling für einen Altar- oder Weihestein ist wenige Meter nordöstlich seines Fundplatzes im Stadtpark zu besichtigen.

Stetten → Niederstotzingen
Stockach → Gomaringen

Stuttgart

Römisches Gebäude im Rotwildpark
Lage: Etwa 750 m ostnordöstlich des Bärenschlößles im Rotwildpark am Waldlehrpfad vom Gasthaus zum Bärenschlößle.
Das römische Gebäude im Rotwildpark von Stuttgart weist manche Besonderheit auf. Wahrscheinlich handelt es sich um ein nahe der Quelle des Glemsbaches gelegenes Heiligtum keltischer Tradition, das bewußt isoliert errichtet worden war. Leider fehlen Hinweise auf die hier verehrten Gottheiten.
Von den Außenmauern der Anlage sind über dem ▶ Fundament aus zwei Schichten von örtlich anstehendem Stubensandstein noch einige Lagen des sich nach oben verjüngenden ▶ Mauerwerks erhalten. Der Mörtel zwischen den Steinen ist bei dem sehr kalkarmen Boden völlig vergangen. In den je 26 m langen Mauern konnten vier Eingänge nachgewiesen werden. Vom Haupteingang in der Mitte der Südseite fehlen leider Teile der Türschwelle. Weitere Zugänge gab es in der Südost-, der Nordost- und der Nordwestecke. Bei ihnen hatten sich die Schwellsteine

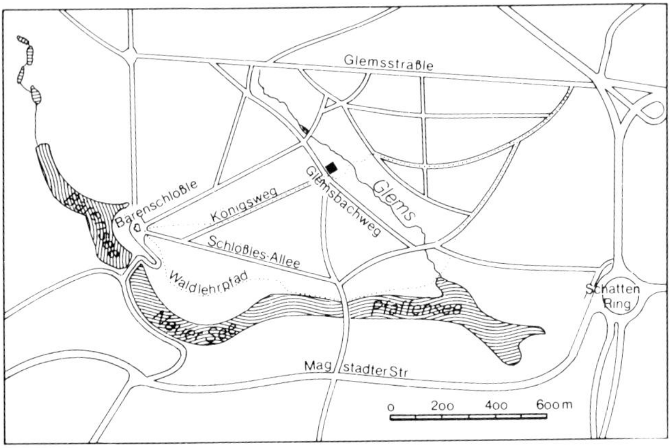

Abb. 126. Stuttgart. Das »römische Haus« im Rotwildpark

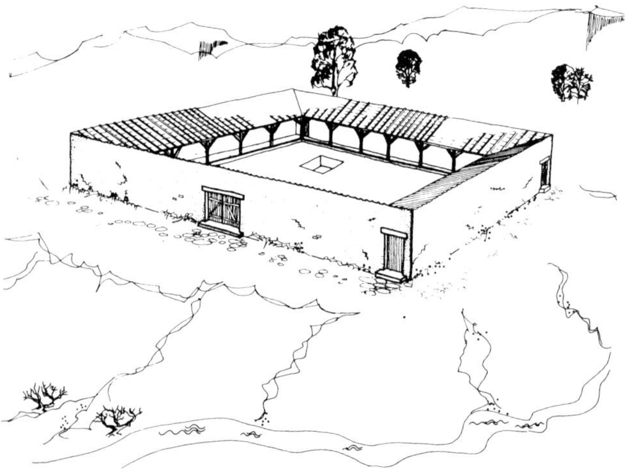

Abb. 127. Stuttgart. So sah der gallo-römische Umgangstempel vielleicht aus

Abb. 128. Stuttgart. Die konservierte Anlage in der Nähe des Bärenschlößles

ausgezeichnet erhalten. Die merkwürdige Lage der Zugänge dicht an den Ecken hat wohl eine besondere kultische Bewandtnis. Nur auf der Westseite fehlt eine Tür.
Den nicht überdachten Innenhof umzogen nach innen offene Säulengänge. Sie waren in leichtem Fachwerk aufgeführt und mit Ziegeln gedeckt. Im Hof fand sich nur eine holzverschalte Grube. Sie enthielt etwas Keramik, die den Bau in das späte 2. Jh. n. Chr. datiert.
Typisch für gallo-römische Tempel ist ihre Lage in siedlungsarmen, aber waldreichen Gebieten nahe bei Quellen oder Wasserläufen, wie es auch bei diesem Bau zu beobachten ist. Das kleine Heiligtum wurde vielleicht von Einheimischen errichtet, die dort in traditioneller Weise keltische Gottheiten verehren wollten.

Sumelocenna → Rottenburg
Tarodunum → Kirchzarten

Tengen-Büßlingen, Kr. Konstanz

Römischer Gutshof (Freilichtmuseum)
Der ► Gutshof von Büßlingen ist mit 5,5 ha trotz seiner ausgesprochen schlichten, einfachen Ausstattung zu den großen Anla-

Abb. 129. Der restaurierte Gutshof in Tengen-Büßlingen im Luftbild

gen zu zählen. Im Gegensatz zu anderen Gutshöfen wie etwa Hechingen-Stein fehlte hier die Möglichkeit, Agrarprodukte und selbsterzeugte Waren in größeren Städten abzusetzen. Dafür vermittelt die heute vollständig restaurierte Anlage - eine der wenigen, bei denen alle bekanntgewordenen Gebäude konserviert sind - das Bild eines typischen römischen Gutshofes in ländlicher Umgebung, in dem alles, was man benötigte, selbst hergestellt wurde.

Eine unregelmäßige, nur noch als Fundamentstickung kenntliche ▶ Hofmauer umschloß das Gutsareal. Tore waren nicht sicher nachzuweisen. An der Ostseite ist aber eines zu vermuten, weil ein mit Steinplatten gepflasterter, wohl ausschließlich landwirtschaftlichen Zwecken dienender Weg am Wohnhaus vorbei auf die östliche Hofmauer zulief.

Das ▶ Herrenhaus liegt zentral innerhalb des Gutshofes. Es ist wie die anderen Bauten aus fast unbearbeitetem, allenfalls an der Außenseite leicht geglättetem Bruchsteinmaterial erbaut. Mauerfugen zwischen den großen Steinen füllte man mit kleinem Geröll. In dem Wohnhaus gab es weder Mosaikfußböden noch Wandbemalung, selbst Estrichböden waren nicht in allen Räumen nachweisbar. Bei dem sicher nur einstöckigen Haus ist die sonst häufig repräsentativ ausgestattete, offene Säulenhalle zwischen den Ecktürmen an der Südfront schlicht als hallenartiger Raum von 25 m Länge zu rekonstruieren, der wohl Wohnzwekken diente. Wegen des feuchten Untergrundes hatte man keine Keller ausgehoben, sondern benutzte den kleinen Raum mit einem Mörtelfußboden in der Nordwestecke für Lagerzwecke.
Unmittelbar vor dem Wohnhaus stand ein im Vergleich zu den übrigen Bauten großer Tempel mit Kultraum und Vorbau, dessen Mauern sorgfältiger ausgeführt waren als die der übrigen Gebäude. Da die schwachen Fundamente kaum aufgehendes Mauerwerk getragen haben können, dürfte es sich um einen Tempel mit vorgelagerter, offener Säulenhalle gehandelt haben. Leider fehlen Hinweise auf die hier verehrte(n) Gottheit(en).
Das ▶ Bad vor der südlichen Umfassungsmauer war mit farbigem Wandverputz fast luxuriös ausgestattet. An den Heizraum, wohl einen einfachen Holzschuppen, schlossen sich zwei erwärmte Räume an. Der Heißbaderaum ist an der Badewanne zu erkennen. Von den beiden ungeheizten Räumen hat der südliche, mit einem Becken ausgestattete Raum als Kaltbad gedient. Der Bekkenboden bestand aus einem Fundament aus Geröll, einem darüberliegenden Mörtelfußboden sowie einem Plattenbelag. Durch einen Ablauf floß das Wasser direkt in das Fundament, wo es versickerte. Damit es in dem feuchten Boden aber nicht zu hoch stieg und Nässe auf Dauer die Mauern gefährdete, leiteten an der Südecke des Beckens zwei Kanäle aus unbearbeitetem Steinmaterial das Wasser ab, sobald die Sickerstickung bis zur Hälfte unter Wasser stand. Sie funktionierten damit wie heutzutage ein Überlaufventil.
Die übrigen Gebäude dürften Scheunen und Stallungen gewesen sein. Nur bei zwei von ihnen läßt sich die Funktion näher eingrenzen. Das von den übrigen Bauten deutlich entfernte, über die Hofmauer hinausreichende Gebäude an der Ostecke ist nach den zahlreichen Knochenfunden als Schlachthaus benutzt worden. Ein Handwerkerbau lag westlich des Wohnhauses. Mehrere große Feuerstellen in den vier Räumen sowie zahlreiche Eisenschlakken lassen vermuten, daß hier die für landwirtschaftliche Betriebe notwendigen Geräte hergestellt und auch »gewartet« wurden.

Der Unterbau eines Herdes, teilweise sogar noch die Auflageplatten aus Sandsteinen, waren in dem südlichen Raum erhalten. Ein großer, in der Mitte durchbohrter und fest in den Unterbau eingelassener Stein hielt möglicherweise einen schwenkbaren Holzgalgen, an dem Töpfe über das offene Feuer gehängt werden konnten.
Nach einem im Wirtschaftsgebäude nördlich des Wohnhauses versteckten Schatz von Silbermünzen wurde der Gutshof in der 2. Hälfte des 3. Jh. n. Chr. verlassen. Ob der Besitzer bei Kämpfen ums Leben kam oder bei einer überstürzten Flucht nicht mehr die Zeit fand, das Geld zu bergen, ist nicht zu klären.

Trossingen, Kr. Tuttlingen

Keltische Viereckschanze
Die ▶ Viereckschanze von Trossingen liegt auf einem nach Norden zu flach abfallenden Hang. Die Seitenlängen der fast quadratischen Anlage betragen 89 bzw. 94 m. Der nur noch schwach ausgeprägte ▶ Wall wird an Nord- und Südseite von einem

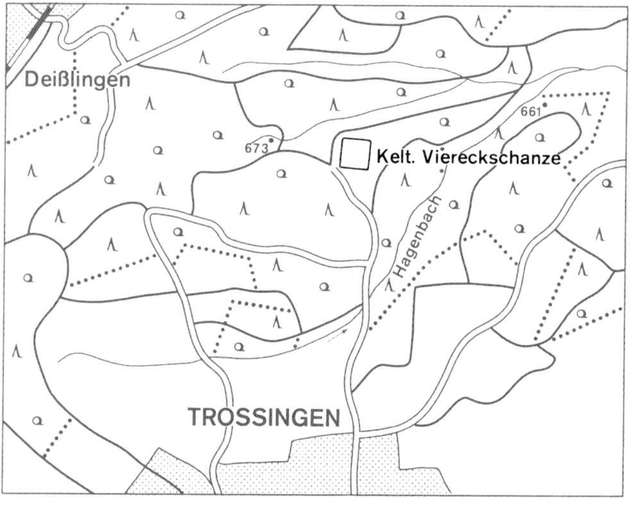

Abb. 130. Trossingen. Keltische Viereckschanze

Waldweg durchschnitten. Davor hat sich der 1 m tiefe ▶ Graben erhalten, den an Nordost- und Südwestseite ein Entwässerungsgraben stört. An welcher Seite ein Zugang in die Schanze führte, konnte bisher nicht ermittelt werden.
Im Gebiet um Trossingen häufen sich die Viereckschanzen auffallend. Weitere Anlagen sind bei Neukirch (Kr. Rottweil), Aldingen und Tuningen (beide Kr. Tuttlingen) bekannt. Sie alle zeugen von der dichten Besiedlung des Schwarzwaldgebietes in der vorrömischen Latènezeit.

Tübingen-Kilchberg, Kr. Tübingen

Grabhügel mit hallstattzeitlichen Stelen
Zufahrt: Von der Neckartalstraße Tübingen-Rottenburg am Ortsrand von Kilchberg Abzweigung in südlicher Richtung benutzen,

Abb. 131. Tübingen-Kilchberg. Der wiederaufgeschüttete Grabhügel aus der Hallstattzeit mit Steinkreis und bekrönender Stele. Daneben weitere im Grabhügel gefundene Stelen

dann auf der Uhlandstraße (2. Seitenstraße nach Osten) zur Silcherstraße abbiegen.
Der stark verschleifte ▶ Grabhügel von Tübingen-Kilchberg auf einer Niederterrasse des Neckars war von einer 1 m dicken Schwemmlehmschicht überdeckt. Er barg zwei Bestattungen.
Ein ▶ Steinkranz aus 48 senkrecht gestellten, rund 70 cm hohen Stubensandsteinplatten umgibt den Fuß des Hügels, dessen Höhe nicht gesichert ist. Zwei der Platten sind mit konzentrischen Kreisen verziert.
Die ältere Bestattung lag zentral im Hügel. Neben den Resten einer Holzkammer konnten Fragmente von mehreren Tongefäßen nachgewiesen werden, die das Grab in das 8.–7. Jh. v. Chr., die ältere Hallstattzeit, datieren. Wie damals üblich, hatte man den Toten verbrannt. Den Hügel bekrönten wohl die stark abstrakten Grabstelen aus Sandstein, von denen heute Abgüsse aufgestellt sind. Die Darstellung des menschlichen Gesichtes ist auf das Wesentliche beschränkt. Während bei ▶ Stele A außer den Augen eine dreieckige Nase, Mund und ein oval geformtes Kinn (oder Bart?) angegeben sind, hat man bei ▶ Stele B über drei Winkeln nur die Augen herausgearbeitet. Beide Figuren waren absichtlich zerschlagen und in die Sandsteinpackung gelegt worden, die das jüngere Grab bedeckte.
Auf geänderte Bestattungsbräuche deutet das zweite, während der jüngeren Hallstattzeit im 6. Jh. v. Chr. angelegte Grab. Der Tote war nicht mehr verbrannt, sondern beerdigt worden. In der 2 × 3,4 m großen Grabgrube, die in die ältere Bestattung einschnitt, lag das Skelett mit den Füßen nach Nordwesten. Als Beigaben sind ein Eisenmesser, ein Goldohrring und eine Bronzefibel zu nennen. In der verlängerten Grabachse finden sich an der Südostseite des äußeren Steinkranzes zwei Platten, die eine geometrische Verzierung tragen. Einige schräg auf der alten Oberfläche angetroffene Steine könnten darauf hindeuten, daß ursprünglich der ganze Hügel auf diese Weise abgedeckt war. Auch für die jüngere Bestattung wurde auf der Spitze eine Stele errichtet, die später umfiel, herabrollte und neben dem Hügel aufgefunden wurde. Der sehr breite Kopf zeigt auf beiden Seiten geometrische, menschliche Züge andeutende Muster. Im unteren Teil ist der Sandsteinblock nicht skulpiert, während die Einschnürungen zum Hals herausgearbeitet wurden.
An der Westseite des Hügels zog der Steinkranz über die Fragmente von wenigstens 30 Keramikgefäßen hinweg. Sie sind vielleicht nach einer Opferhandlung oder einer Totenfeier aus religiösen Gründen absichtlich zerschlagen und hier deponiert worden.

Nach der Grabung wurde der in ein Neubaugebiet einbezogene Hügel restauriert, den auch heute wieder die jüngere ▶ Stele bekrönt. Kopien der anderen beiden Stelen sind am Fuß des Hügels aufgestellt. Eine Hinweistafel erläutert die Grabung und die Bedeutung der hier gemachten Befunde.

Villingen-Schwenningen, Schwarzwald-Baar-Kreis

Hallstattzeitlicher Grabhügel »Magdalenenberg«
Der westlich eines kleinen, bewaldeten Höhenrückens liegende »Magdalenenberg« gehört zu den größten ▶ Grabhügeln der Hallstattzeit in Mitteleuropa. Antik beraubt, wurde er 1890 erstmals untersucht. Neue Grabungen haben in den 70er Jahren sowohl bei der zentralen Grabkammer wie auch bei den Nachbestattungen zu unerwartet guten Ergebnissen geführt. Nach den Grabungen wurde der »Magdalenenberg« wieder zu seiner vollen Höhe aufgeschüttet.

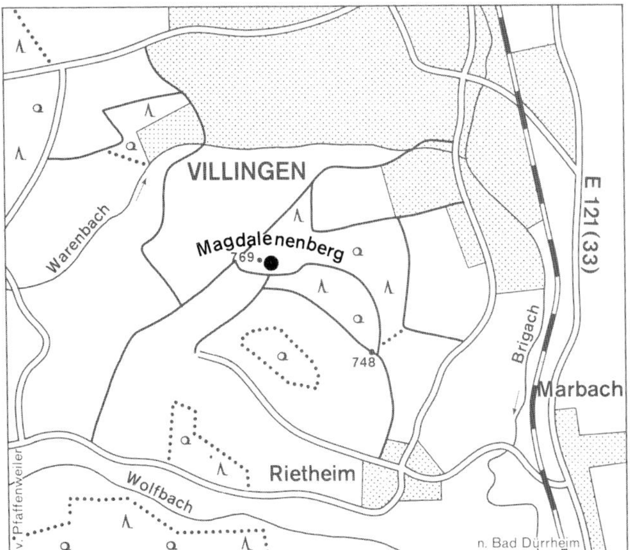

Abb. 132. Villingen-Schwenningen. Der wiederaufgeschüttete große Grabhügel »Magdalenenberg«

Abb. 133. Die Grabkammer (jetzt im Franziskanermuseum in Villingen) unter der Steinpackung im Magdalenenberg

Der mit Rasen und lockerem Gesträuch bewachsene Boden war vor Baubeginn abgebrannt worden. Ob man damit das Gelände rituell »reinigen« oder es nur einebnen wollte, bleibt unklar. Den zentralen Bereich des Hügels nahm die nach den vielen Sägespänen an Ort und Stelle erbaute, 5 × 8 m große hölzerne Grabkammer ein. Von der hochentwickelten Zimmermannskunst zeugen vor allem die Eckkonstruktionen der in Blockbauweise errichteten Kammer, die bis zu ihrer Oberkante von einer Steinpackung umgeben war. Die teilweise zentnerschweren Blöcke haben Rin-

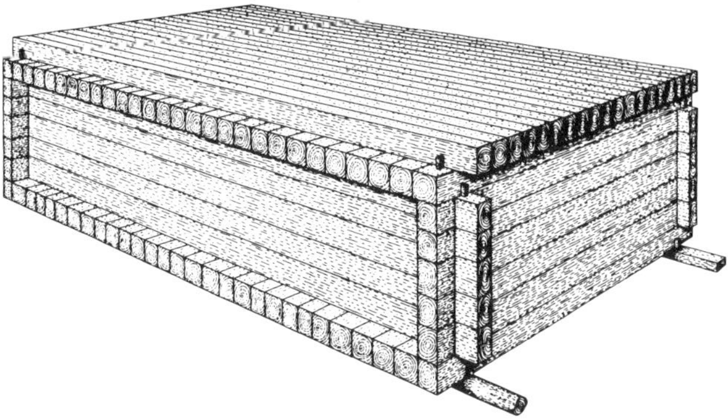

Abb. 134. Magdalenenberg. Rekonstruktionszeichnung der Grabkammer

der vom 2 km entfernten Steinbruch herangeschleift, deren Losung noch auf dem Boden lag. Danach wurde der 10-12 m hohe Grabhügel aus Rasensoden und Erde angeschüttet, dessen Durchmesser 107 m beträgt. Glückliche Umstände haben uns sogar die Arbeitsgeräte erhalten: einen Tragkorb zum Heranschaffen der Erde ebenso wie Grabhölzer, mit denen die Rasensoden gelockert bzw. die Erde abgestochen wurde. Diese unten abgeschrägten, entästeten Stämme sind die Vorläufer unserer Spaten. An mehreren Pfostenstellungen auf dem Hügel könnten vielleicht Opfer oder Fahnen während Leichen- und Gedenkfeiern aufgehängt gewesen sein. 136 Nachbestattungen sind bald in der Hügelböschung vorgenommen worden.
Zweifel gibt es noch über den Zeitpunkt der Fürstenbestattung. Sicher wurde der Tote erst beigesetzt, nachdem die Grabkammer fertiggestellt war. Ob man aber mit dem Aufschütten der umgebenden Steinpackung begonnen hatte oder ob sie bereits fertiggestellt war, ist ungewiß. Da die Bauarbeiten nach dendrochronologischen Daten um 515 v. Chr. begannen und etwa 15 Jahre dauerten, muß der Leichnam bis zur feierlichen Beisetzung im Grab einbalsamiert gewesen sein.
Der Herrensitz könnte in der Nähe des »Magdalenenberges« am »Kapf« bei Villingen gelegen haben, wo eine Befestigung nachgewiesen ist. Vielleicht wurden schon damals Eisen und Salz gehandelt, denn am »Kapf« bei Villingen steht Erz an, und Salzvorkommen gibt es in der Nähe bei Bad Dürrheim und Schwenningen.

Abb. 135. Magdalenenberg. Tonnenarmband aus der Hallstattzeit

Die Funde vom »Magdalenenberg« sind jetzt im Franziskanermuseum, Riedstr. 39, einem umgebauten Waisenhaus, im Stadtteil Villingen ausgestellt. Öffnungszeiten: Di-Fr 15-17 Uhr, Do außerdem 10-12 Uhr. Sa/So 10-12 Uhr.

Vogelherdhöhle → Niederstotzingen-Stetten

Walheim, Kr. Ludwigsburg

Römisches Kastell

Walheim hat in den letzten Jahren verstärkt im Mittelpunkt der archäologischen Forschung in Baden-Württemberg gestanden. Das im Norden der Stadt ausgewiesene Neubaugebiet liegt über der römischen Siedlung, die deshalb untersucht werden muß. Hervorragende Ergebnisse lassen wesentliche neue Erkenntnisse zur Geschichte der römischen Besetzung des Neckarraumes erwarten.

Aber nicht diese neuen Ausgrabungen sind das Ziel unseres heutigen Ausflugs, sondern der mittelalterliche Stadtkern Walheims, wo sich in anschaulicher Weise der ▶ Grundriß des römischen Kastells im neuzeitlichen Straßenverlauf erhalten hat.

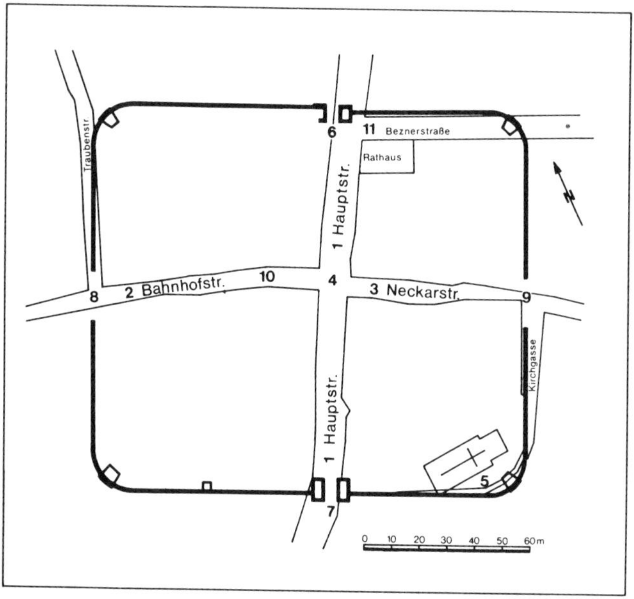

Abb. 136. Walheim. Der Grundriß des römischen Kastells im neuzeitlichen Straßenverlauf

◀ Abb. 137 Walheim. Die Göttin Fortuna mit dem Füllhorn aus dem römischen Lagerdorf

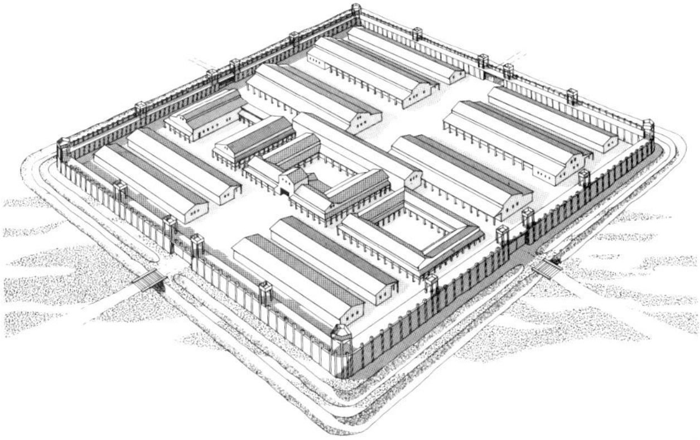

Abb. 138. Rekonstruktion eines Kastells mit Mauer, Wehrtürmen und Innenbauten

Die Hauptstraße folgt zwischen der Beznerstraße im Norden und der Kirchgasse im Süden der ehem. ▶ Lagerhauptstraße. An ihrer Westseite hatte einst dort, wo jetzt die Bahnhofstraße in die Hauptstraße mündet, das Stabsgebäude gestanden. Die genau auf diese Kreuzung treffende Neckarstraße markiert noch heute den Verlauf der ▶ Hauptausfallstraße des Kastells, und in ihrem westlichen Teil bis zur Traubenstraße zieht die Bahnhofstraße über die rückwärtige ▶ Ausfallstraße hinweg. Auch eine Kastellecke ist immer noch sichtbar: die vor der Kirche im Bogen geführte Mauer sitzt auf den Fundamenten der römischen Kastellmauer auf und bezeichnet, etwas nach innen verschoben, die südöstliche Kastellecke.

Walldürn, Neckar-Odenwald-Kreis

Römisches Badegebäude
Zufahrt: Von der L 577 (Walldürn-Waldstetten) auf asphaltiertem Feldweg (Hinweisschild) zum Parkplatz vor dem Badegebäude.

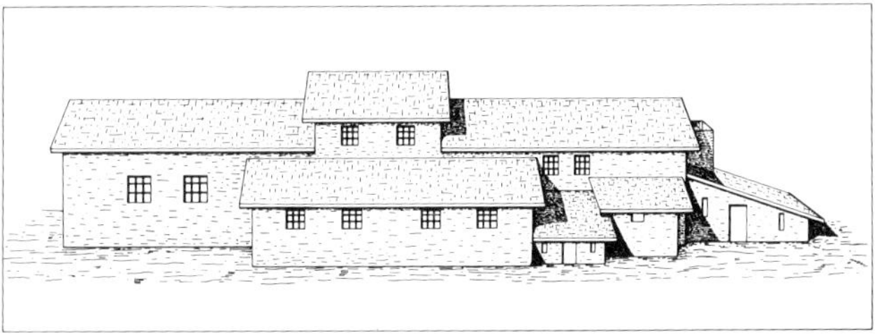

Abb. 139. Walldürn. Rekonstruktionszeichnung des konservierten Bades (nach D. Baatz)

Das ▶ Badegebäude von Walldürn war für die Soldaten des benachbarten, auf einer flachen Anhöhe gelegenen Numeruskastells in der Nähe des Marbachs errichtet. So konnte das benötigte Wasser ohne großen Aufwand durch Holzleitungen in das Badegebäude geleitet werden.
Zuerst betrat man die in leichtem Fachwerk aufgeführte Auskleidehalle. Neueingesetzte Holzpfosten markieren genau die nachgewiesenen Standspuren der römischen Pfosten, denen sie auch in der Stärke entsprechen. Die ▶ Inschrift des in der Halle aufgefundenen Buntsandsteinaltars erinnerte daran, daß die hier stationierten Soldaten das Bad aus eigenen Mitteln wiederaufgebaut und am 13. August 232 n. Chr. in Betrieb genommen haben, nachdem ein Vorgängerbau zusammengestürzt war.
Aneinandergereiht folgten nun Kalt-, Lau- und Heißbad. Im Kaltbad hinter der Auskleidehalle sprang die Wasserwanne an der Westseite über die Außenflucht des Gebäudes vor. Die Funktion des östlich gegenüberliegenden, vom Kaltbad aus zu betretenden Raumes ist unbekannt. Der leicht erwärmte Übergangsraum, das Laubad, schloß sich an. Er konnte ebenso wie das kleine, östlich angebaute Schwitzbad vom Heizraum aus erwärmt werden. Das Heißbad wurde von einem eigenen Heizraum aus beheizt. Die besonders massiven Mauerpfeiler zwischen Heißbad und Heizraum trugen eine mit heißem Wasser gefüllte Wanne.
Ein weiteres Badebecken war im Osten als Apsis angebaut. Von der eingestürzten, in der Inschrift erwähnten Vorgängeranlage stammt der Mauerrest einer Heißwasserwanne zwischen den Heißbädern.
Der Bau des Bades erfolgte in der Mitte des 2. Jh. n. Chr. während der Anlage des vorderen Limes. Das jetzt konservierte Gebäude wurde nach einem völligen Neubau 232 n. Chr. in Betrieb genommen und nicht über den Limesfall 259/260 n. Chr. hinaus unterhalten.

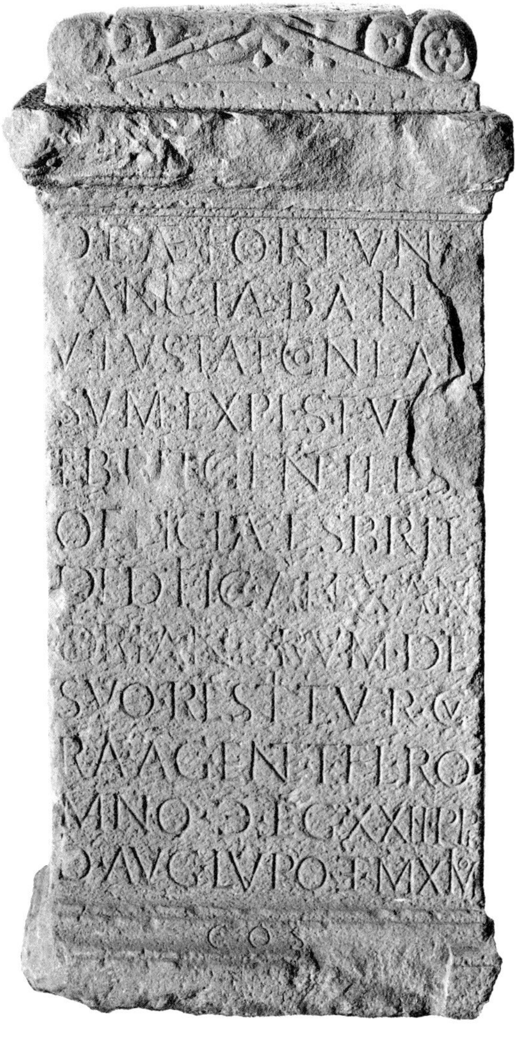

Abb. 140. Weihestein, der Göttin Fortuna gewidmet anläßlich des Wiederaufbaus des Badegebäudes

Abb. 141. Weinsberg. Blick auf die restaurierte Badeanlage

Weinsberg, Kr. Heilbronn

Römisches Badegebäude
Zufahrt: Anfahrt über die B 39 (Hinweisschilder zum Badegebäude).
Das kleine, zu einem Gutshof gehörende, vollständig konservierte ► Badegebäude ist mit all den Räumen ausgestattet, die in römischer Zeit bei einer Badeanlage notwendig waren.
Jeder Besucher betrat zuerst den zugleich als Auskleide- und Kaltbaderaum dienenden Raum. Auf steinernen Sitzbänken, die an zwei oder drei Seiten des Raumes aufgestellt waren, legte man seine Kleider ab. Von Geschmack und Reichtum des Besitzers zeugt die Statue der Fortuna balinearis. Die mit ihren Attributen

Rad und Steuerruder gekennzeichnete Glücksgöttin galt auch als Göttin des Bades und trug dann den Namen »balinearis«. In dem halbrunden Badebecken stand kaltes Wasser bereit. Es wurde nach dem Warmbad zur Erfrischung und gleichzeitig zur Abhärtung benutzt. Die Abwässer des Beckens spülten die Toilette. In dem Becken hat sich das originale ▶ Abwasserrohr aus Blei erhalten.

Vom Kaltbaderaum aus gelangte man in das Laubad sowie in zwei Warmbaderäume. Ihre Fußboden- und Wandheizung, die vom Heizraum aus bedient wurde, ist noch gut erhalten. Ein kleines Becken war mit heißem Wasser gefüllt. Hier sollte die Wandheizung möglichst lange die hohe Temperatur des Badewassers halten, das in einem Metallkessel im Heizraum erhitzt und von dort ebenfalls durch Bleirohre in das Becken geleitet wurde. In Weinsberg sind im Heizraum noch die Pfeiler von dem Kesselunterbau zu sehen. Der unmittelbar vor dem Heizraum gelegene

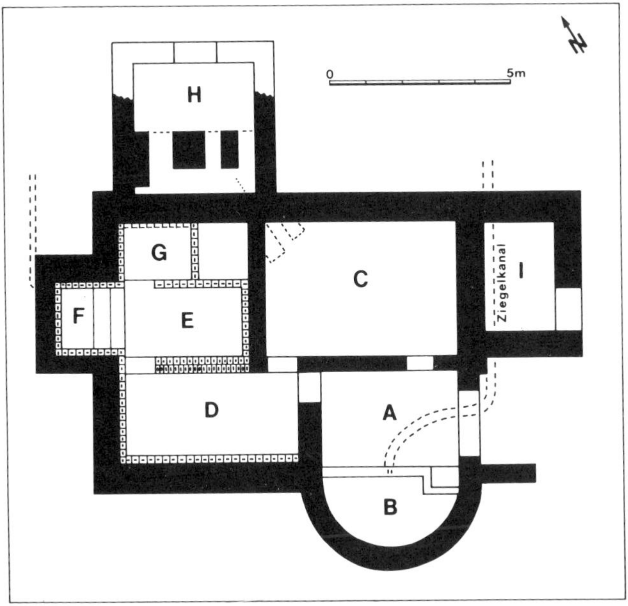

Abb. 142. Weinsberg. Grundriß des Bades: A Kaltbad mit Wasserbecken (B), C Laubad, D, E Warmbad mit Badebecken F, G Schwitzraum, H Feuerungsraum, I Toilette

Raum ist wegen der dort besonders hohen Temperatur wohl als Schwitzbad in der Art einer finnischen Sauna genutzt worden. Unmittelbar östlich des Bades hat man einen Teil des ▶ Hauptgebäudes ausgegraben und konserviert bzw. den Mauerverlauf und die Verbindungsmauer zwischen den beiden Gebäuden durch Platten markiert. Der Gutshof wurde in der Mitte des 2. Jh. n. Chr. angelegt und erst verlassen, als die Römer zwischen 233 und 259/260 n. Chr. ihre rechtsrheinischen Besitzungen aufgaben.

Welzheim, Rems-Murr-Kreis

Ostkastell und Kleinkastell Rötelsee

Zufahrt: Kastell Welzheim: Hinweisschilder führen von der St.-Gallus-Kirche (Stadtmitte) aus über Rienharzer Straße bzw. Aderlinger und Goethestraße zum Kastell. - Kleinkastell Rötelsee: Von der Straße Welzheim-Gausmannsweiler aus 500 m nördlich von Welzheim auf asphaltiertem Feldweg zu erreichen.

Welzheim, das erstmals 1181 urkundlich genannt wird, geht bereits auf eine römische Ansiedlung zurück. Der Ort lag damals am vorderen Limes, dessen genauer Verlauf hier allerdings nicht festliegt. Von der Zivilsiedlung mit Bädern und Gräberfeldern sowie den beiden Kastellen sind Teile des kleineren Ostkastells restauriert bzw. rekonstruiert. Welzheim ist einer der wenigen Orte, an dem zwei offenbar gleichzeitig benutzte Kastelle nachgewiesen sind, ohne daß man den Grund dafür kennt.

Das kleine ▶ Ostkastell liegt auf einem Plateau oberhalb der Lein. Der feuchte Mergelboden eignete sich nur schlecht zum Bauen, und die wiederholt abgerutschte Kastellmauer mußte immer wieder ausgebessert werden.

Der Verlauf der durch einen doppelten Spitzgraben gesicherten Kastellmauer wurde in dem nicht überbauten Gelände durch einen ▶ Erdwall und eine Rosenhecke markiert. Ein ▶ Graben ist an der Westseite wieder in die ursprüngliche Form gebracht. Nord- und Südtor besaßen keine Tortürme, sondern nur in den Innenraum vorspringende Zungenmauern. Am Osttor flankierte an der Nordseite ein Turm, an der Südseite ebenfalls eine Zungenmauer die Zufahrt, und nur an der Westseite waren zu beiden Seiten der Durchfahrt Türme errichtet worden. Zwischentürme sind an der Westseite sowie an der westlichen Nordseite nachgewiesen. An der Westseite ist einer von ihnen restauriert. Insgesamt besaß das Kastell also nicht die sonst für römische Militär-

Abb. 143. Das Ostkastell Welzheim. Mauer durch Erdwall und Rosenhecke markiert, Hauptstraße durch Pflasterung, das Westtor vollständig rekonstruiert

anlagen typische regelmäßige Bauweise. Außer einem Gebäude unbekannter Funktion ist im Innenraum noch ein Bad festgestellt.
Das vollständig rekonstruierte ▶ Westtor mit Wehrgang besitzt nur eine Durchfahrt. Von den ebenerdigen Wachträumen aus wurde der gesamte Verkehr des Kastells kontrolliert. Die Zinnen der Kastellmauer waren ebenso wie die Mauerbrüstungen mit dachförmig abgeschrägten Zinnendeckeln gedeckt. Im oberen Drittel sprang die Kastellmauer auf der Innenseite etwas zurück. Hier lag der Boden des hölzernen Wehrganges auf, von dem aus ständig die Umgebung des Kastells beobachtet wurde. Seine Innenbrüstung stützten in regelmäßigen Abständen eingesetzte Holzträger. Von der Lagerringstraße aus führten an allen Seiten Holztreppen auf den Wehrgang. Im oberen Geschoß eines der wiederaufgebauten Tortürme ist heute ein kleines Museum unter-

Abb. 144. Welzheim. Das rekonstruierte Westtor des Kastells mit einem Stück des Wehrgangs

gebracht, das mit zahlreichen Plänen und Erläuterungstafeln über die Rekonstruktion informiert.
Nördlich von Welzheim ist das Kleinkastell Rötelsee freigelegt. Die Kastellmauern wurden konserviert, die hölzernen Innenbauten sind mit Holzbohlen im Grundriß angedeutet. In solche Kastelle waren Abteilungen von ungefähr 100 Mann abkommandiert, die sich allerdings nicht gleichzeitig dort aufhielten, sondern abwechselnd den Wachtdienst auf den nächstgelegenen Limestürmen versahen. Vielleicht sicherten sie auch Durchgänge im Limes. Wo bei dem Kleinkastell Rötelsee an der schnurgerade verlaufenden Limestrasse ein solcher Passierpunkt gelegen haben könnte, ist nicht bekannt.
Ein breiter Graben umgab die Anlage. Nur vor dem einzigen Zugang war auf der Ostseite eine Erdbrücke ausgespart. In zwei großen Pfostenlöchern konnte bei drohender Gefahr eine zusätzliche Torverriegelung angebracht werden.
Die Innenbauten des Kastells waren hufeisenförmig um einen kleinen, gepflasterten Hof angeordnet, an dessen Stirnseite eine Feuerstelle festgestellt wurde. Mit einem überdachten Gang öffneten sich die hier nur aus Holz errichteten Unterkünfte der Soldaten zum Hof hin.
Die Mannschaftsbaracken sind von einer massiven Steinmauer umgeben, die als etwas schmälere Zungenmauer auch den Ein-

gang flankiert. Zwischen Kastellmauer und Kasernenbauten verlief ein hölzerner Wehrgang, dessen Vorderseite auf der Kastellmauer auflag.

Werbach, Main-Tauber-Kreis

Hallstattzeitliches Gräberfeld
Zufahrt: Das Gräberfeld ist in den nördlichen Bereich des heutigen Stadtfriedhofs von Werbach einbezogen.
Das bei Werbach zu besichtigende ▶ Gräberfeld zeigt eine ganz besondere Art der Bestattung, die offenbar auf die Tauberbi-

Abb. 145. Werbach. Das hallstattzeitliche Gräberfeld während der Grabung

schofsheimer Gegend begrenzt war. Von dem ausgedehnten, teilweise ausgegrabenen Friedhof konnten am südlichen Rand einige der charakteristischen Gräber erhalten werden, die nach den Beigaben in die Hallstattkultur gehören.
Jedes Grab wurde von einem Steinkranz eingefaßt, dessen Blöcke man entweder senkrecht aufgestellt oder am Fuß des Grabhügels nebeneinandergelegt hatte. Das zum Einfrieden verwendete Gestein stand in der näheren Umgebung an und wurde trotz des oft zentnerschweren Gewichtes wenigstens 2 km herangebracht. Die Größe der Grabtumuli, deren originale Höhe nicht sicher zu rekonstruieren ist, reicht von 4 bis 13 m Durchmesser und weist damit beachtliche Unterschiede auf. Nach den Bestattungsfeierlichkeiten wurde der Grabhügel mit einer Steinpackung abgedeckt. Die Tumuli lagen so dicht nebeneinander, daß sie oft aneinanderstießen. ► Vier der Grabhügel wurden wieder aufgeschüttet, bei einem der Steinkreis so erhalten.
Die Bestattungen – meistens Körper-, nur vereinzelt Brandgräber – fanden sich zentral in der Hügelmitte in hölzernen Grabkammern. Zu den Beigaben gehörten stets mehrere, Speisebeigaben enthaltende Keramikgefäße, die man nach einem festen Schema zu beiden Seiten des Toten niedergelegt hatte. Bei der übrigen Grabausstattung handelte es sich wohl vor allem um Bronzeschmuck. Da fast alle Bestattungen bald nach der Grablegung beraubt worden waren, wobei oft auch die Leiche des Toten zerfleddert wurde, konnten davon nur noch in einem einzigen Grab Reste gefunden werden.

Wiesenbach, Rhein-Neckar-Kreis

Römischer Gutshof
Zufahrt: 1,7 km vom markierten Waldparkplatz an der Straße Neckargemünd – Wiesenbach entfernt; über ausgeschilderten Weg zu erreichen.
Von dem Gutshof sind bisher nur Teile ausgegraben und konserviert worden, weil er nicht unmittelbar gefährdet ist. In römischer Zeit war die nähere Umgebung sicher waldfrei, so daß Äcker und Felder des Gutes unmittelbar an die Hofmauer grenzten. Das Wohngebäude wurde wenigstens einmal umgebaut. Zu einer älteren Bauphase gehören auch die außerhalb der Hofmauer sichtbaren Fundamente. Die ► Hofmauer ist auf der Nord- und Westseite ausgegraben und konserviert, der Haupteingang liegt wohl in der Mitte der Südseite. Das Gebäude in der Nordwest-Ecke muß wegen der fehlenden Inneneinteilung als Wirtschaftsbau,

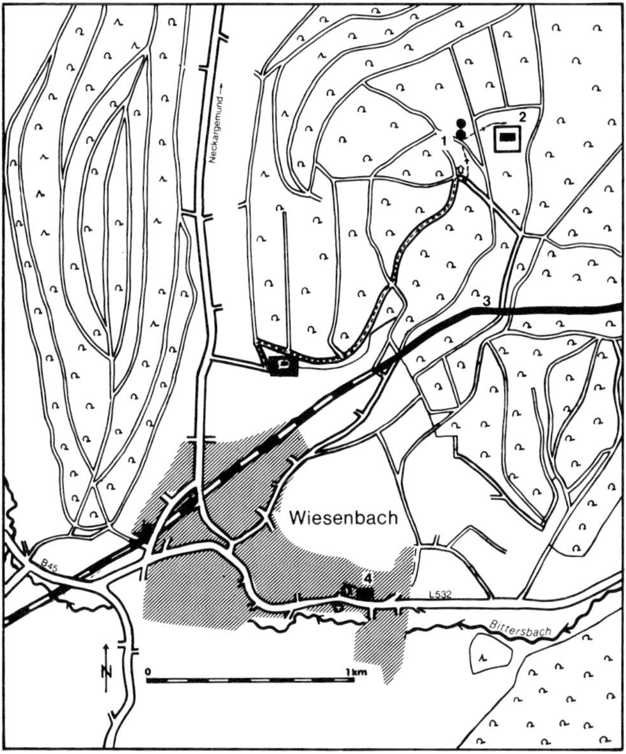

Abb. 146, Wiesenbach. 1 römischer Holzbrunnen (rekonstruiert), 2 römischer Gutshof

vielleicht als Speicher oder Scheune, benutzt worden sein. In dem kleinen, hypokaustierten ▶ Raum westlich der Hofmauer trocknete man Getreide, um es haltbar zu machen. Er wurde bei dem Bau der Hofmauer zerstört, da diese über seine Fundamente hinwegzieht.

Vom konservierten ▶ Hauptgebäude sind Mauerfundamente z. T. hochgemauert. Fünf Räume dieses Baus sind bekannt. Vor allem fehlt der südliche Gebäudeabschluß. Innerhalb der großen Mittelhalle lag eine Feuerstelle, die im Winter für die notwendige Wärme sorgte und gleichzeitig auch den östlich anschließenden, sicher zu Wohnzwecken genutzten Hypokaustraum erwärmte.

Abb. 147. Wiesenbach. Keller des römischen Gutshofs mit sorgfältig ausgesparten Abstellnischen, Verputz mit rotem Fugenstrich

Von der Mittelhalle gelangte man über eine Treppe in einen ► Steinkeller mit drei Wandnischen und der Schräge eines später zugesetzten Kellerfensters. Der Keller lag einst unter einem Holzboden, von wo er durch eine Falltür erreichbar war. Auflager in den Wänden für hölzerne Deckenbalken haben sich ebenso erhalten wie Reste vom Kellerverputz mit einem roten Fugenstrich, der bei der Konservierung erneuert wurde.
Aufgrund der bisher gemachten Funde ist der Gutshof im frühen 2. Jh. n. Chr. zerstört worden.

Wutöschingen-Degernau, Kr. Waldshut

Jungsteinzeitliches Megalithgrab
Degernau liegt im unteren Wutachtal an der Grenze zwischen dem Schwarzwald und dem Klettgau. Südlich der Straße nach Erzingen ist ein in das ausgehende Neolithikum zu datierendes ► Riesensteingrab rekonstruiert.

1936 wurde an der Kreisstraße neolithisch-frühbronzezeitliche Keramik entdeckt. Im benachbarten Acker fanden sich direkt auf dem anstehenden Lehmboden mehrere Platten eines Riesensteingrabes. Erhalten waren außer Teilen der Seitenwände die 2,7 m lange und 2 m breite Deckplatte aus nicht bearbeitetem Muschelkalk, deren Gewicht 3,3 t beträgt. Die zerbrochene Giebelplatte konnte wieder zusammengesetzt werden. Das in ihrer Mitte herausgebohrte »Seelenloch« war mit einem zuckerhutförmigen Stein zu verschließen. Da Reste der Bestattung fehlen, sind die Steine von dem sicher nicht allzuweit entfernten Grab hierhergebracht und als Wegschüttung weiterverwendet worden. Die bereits erwähnte, nur wenig oberhalb der Fundstelle geborgene Keramik bezeichnete vielleicht den originalen Standort des Grabes.

Es ist schwer, das stark zerstörte Grab zu rekonstruieren. Bei der ursprünglich quadratischen oder trapezförmigen Anlage mit der Mindesthöhe von 1,1 bis 1,3 m könnten Teile der Seitenwände aus Trockenmauerwerk errichtet gewesen sein, wie es bei anderen Megalithgräbern zu beobachten ist. Diese Steinkistengräber waren in den Boden versenkt oder oberirdisch angelegt und mit einer Schüttung aus kleinteiligem Steinmaterial und Erde bedeckt. Hier dürfte es sich um einen oberirdischen Grabbau handeln,

Abb. 148. Wutöschingen-Degernau. Jungsteinzeitliches Megalithgrab mit »Seelenloch«

weil der Verschlußstein des »Seelenloches« nur dann sinnvoll ist, wenn die Öffnung sichtbar und zugänglich war.
Das Grab von Degernau gehört zu den am Oberrhein und im Jura nachgewiesenen Megalithgräbern, die in der Steinzeit angelegt, aber offenbar durchgehend bis in die Urnenfelderzeit hinein benutzt worden sind.
Von dem 0,6 km entfernten »Bühlhölzle«, einem Plateau auf dem höchsten Punkt zwischen Wutach- und Klettgautal, bietet sich ein schöner Rundblick über den Klettgau, den Raden und den südlichen Schwarzwald bis nach Höchenschwand. Hier steht ein 1,8 m hoher und 1 × 0,8 m dicker ▶ Monolith aus in der Nähe anstehendem Kalkstein. Da er bearbeitet und auf die Höhe geschafft worden war, hat er wohl als Menhir gedient. Seine Zeitstellung ist unsicher. Ebensowenig weiß man, aus welchen Gründen dieser Riesenstein hier errichtet worden ist.

ERLÄUTERUNGEN

Abschnittsbefestigung (- mauer, - wall) Befestigung von einem Teilstück (»Abschnitt«) im Gegensatz zur Befestigung eines Plateaus oder einer Bergspitze.
Abwasserkanal → Kanal
Adnoba (auch Abnoba). Adnoba ist der keltische Name für den Schwarzwald, den die Römer übernahmen (»Adnoba mons«). Genauso hieß die keltische Göttin des Schwarzwalds, der auch noch in römischer Zeit die dort entspringenden Thermalquellen geweiht waren. Später wurde sie mit → Diana gleichgesetzt.
Ala Berittene Truppe von 500 oder 1000 Mann.
Alamannen Zunächst im unteren und mittleren Elbegebiet ansässiger, zu den Westgermanen gehörender Volksstamm, dessen Name »Alle Männer« bedeutet.
Altar Altäre konnten von jedem einzelnen den verschiedenen römischen Göttern und Gottheiten geweiht werden. Sie waren entweder nur mit einer schlichten Inschrift versehen oder mit figürlicher Darstellung verziert. In der Inschrift weihte der Stifter den Altar mit einer sich regelmäßig wiederholenden Formel dem Gott, ohne dabei allerdings den Grund für seine Stiftung zu nennen. Sie wird in der abgekürzten Form »VSLLM« (Votus solvit laetus libens merito = Er hat sein Gelübde froh und freudig eingelöst, wie es sich gebührt) zitiert. Die ursprünglich bemalten Altäre tragen heute nur noch selten Farbreste.
Altsteinzeit Die Altsteinzeit (Paläolithikum) gehört mit ihrer Dauer von mehreren Jahrtausenden zu den längsten Epochen der Menschheitsgeschichte. Sie beginnt mit dem ersten Auftreten des Menschen vor ca. 500000 Jahren und endet um 10000 v. Chr. Man unterscheidet zwischen Alt-, Mittel- und Jungpaläolithikum (= ältere, mittlere und jüngere Altsteinzeit), in denen sich die Lebensweise des Menschen durch klimatische Schwankungen stark veränderte. Innerhalb dieser Gruppen konnten weitere Kulturen erarbeitet werden, die nach den ersten Fundorten, meistens Höhlen in Frankreich, benannt worden sind:

Altpaläolithikum	Abbevillien	500000-350000 v. Chr.
	Acheuléen	350000-150000 v. Chr.
Mittelpaläolithikum	Micoquien	90000-80000 v. Chr.
	Moustérien	
Jungpaläolithikum	Aurignacien	35000-28000 v. Chr.
	Gravettien	25000-20000 v. Chr.
	Magdalénien	15000-10000 v. Chr.

Die wichtigsten Werkzeuge der Menschen in der Altsteinzeit wie → Faustkeile, Schaber oder Klingen wurden aus Stein gefertigt. Dabei unterscheidet man drei verschiedene Techniken. Während des Paläolithikums wurden in den Faustkeilkulturen, zu denen etwa das Micoquien zu zählen ist, natürlich vorgeformte Feuersteinknollen so abgearbeitet, daß an einer Seite eine Spitze mit scharfen Rändern entstand, während das andere Ende rund blieb und zum Halten des Werkzeuges diente. Bei den jüngeren Kulturen wurden zunächst Steinbrocken von den → Silexknollen abgeschlagen und diese Abschläge zu Geräten weiterverarbeitet (Abschlagkulturen). Während der Aurignacien- und Magdalénienzeit schlug man von den Steinen gleich lange, schmale Klingen ab (Klingenkulturen). Diese Technik verlangte ein hochentwickeltes handwerkliches Können.

Amphore Großes, zweihenkliges Vorrats- und Transportgefäß vor allem für Flüssigkeiten wie Öl, Wein oder Fischsaucen, aber auch für Hülsenfrüchte und Salzfische. Amphoren waren mit Korken versiegelt und der Inhalt vom Erzeuger durch aufgemalte Inschriften oder Etikette gekennzeichnet. Der Gefäßname stammt aus dem Griechischen und bedeutet »zweihenklig«.

Angulatensandstein Besondere Art des Sandsteins.

Annexkastell Deutlich kleineres, an eine Garnison angebautes Kastell (u. a. Osterburken).

antropomorph griechisch = »menschenähnlich«.

Apoll Griechischer Gott der Mantik und der Musik. Er vereinigt in sich jedoch zahlreiche weitere schützende, unheilabwehrende und heilende Eigenschaften. Sein bedeutendstes Heiligtum mit einem Orakel war Delphi, wo auch der ihm heilige Lorbeerbaum stand. Der Gott ist oft durch seine Leier (griechisch Lyra) gekennzeichnet.

Apsis Halbrunder, mit einer Halbkugel überwölbter Raum, der an den Längs- und Schmalseiten von Thermenanlagen und öffentlichen römischen Gebäuden angeordnet war. In den Apsiden stehen bei → Bädern oft Waschbecken und Badewannen, bei der

Markt- und Gerichtshalle befindet sich hier der Platz des Tribunen.

Arkaden (lat. arcus = Bogen). Fortlaufende Reihe von auf → Säulen oder Pfeilern ruhenden Bögen, die, einem Haus oder einem Innenhof vorgeblendet und durch Überdachung mit der Hauswand verbunden, einen Gang bilden.

Augustus Erster römischer Kaiser, der von 27 v. Chr.-14 n. Chr. regierte. In seine Herrschaft fällt der Vorstoß der Römer nach Germanien bis an die Elbe. Das Gebiet links des Rheins wird in dieser Zeit römische Provinz.

Aurignacien → Altsteinzeit

Bad (Therme). Die Bäder dienten im römischen Kulturkreis nicht nur der Körperreinigung, sondern waren gleichzeitig gesellschaftliche Zentren, in denen man verweilte, Freunde traf, sich unterhalten oder lesen konnte. Wenigstens einmal am Tag, meist gegen Abend, suchte man das Bad auf.

Jedes Bad besaß drei Haupträume: Kaltbad (lat. frigidarium), Laubad (lat. tepidarium) und Warmbad (lat. caldarium). Im unmittelbar vor dem Heizraum liegenden, hypokaustierten und mit Hohlziegeln ausgekleideten Heißbad herrschte die höchste Raumtemperatur. Hier stand in Badebecken und -wannen heißes Wasser bereit, das im Heizraum über der Feuerstelle in großen Metallkesseln erhitzt worden war. Meistens haben sich nur noch die massiven Fundamentmauern der Kesselunterbauten erhalten, die Kessel selbst sind dagegen wegen ihres Materialwertes später eingeschmolzen worden. Das durch Bleiröhren direkt in die Bekken geleitete warme Wasser wurde durch die auch in den Beckenwänden vermauerten Hohlziegel temperiert.

Ein leicht erwärmter Übergangsraum (= Laubad) milderte den Temperaturunterschied vom Heiß- zum Kaltbad. Hier stand in Wannen nur noch kaltes Wasser zum Erfrischen und Abhärten bereit. In die durch eine Brüstung vom Raum abgetrennten Badewannen führten Stufen, die gleichzeitig zum Sitzen im Wasser benutzt wurden. Ein Viertelrundstab dichtete in den Becken sowie in allen nassen Räumen den Übergang vom Boden zur Wand sorgfältig ab.

Diese drei Räume waren bei zahlreichen Bädern so hintereinander angeordnet, daß der Besucher, der sich von der Auskleidehalle zuerst in das Warmbad begab, zunächst Kalt- und Laubad passierte, diese Räume aber erst bei seinem Rückweg zum Baden benutzte. Ein solcher Thermenbau heißt wegen der in einer Reihe hintereinander angeordneten Baderäume »Reihentyp«.

Verschiedene andere Räume vervollständigten eine Badeanlage. In einem trocken-heißen, meist runden Schwitzraum (lat. sudatorium) konnte man ein der finnischen Sauna vergleichbares Schwitzbad nehmen. Die Kleider legte man in einer auch als Aufenthaltsraum benutzten, oft nur aus Holz erbauten Vorhalle ab. Heilbäder, die anderen Zwecken dienten, brauchten sich nicht unbedingt nach dem gewohnten Bauschema der Thermenanlagen zu richten. Deshalb ist es oft schwer, hier die Funktion der einzelnen Räume befriedigend zu erklären.

Balkenschlitzmauer Besondere Bauweise der Holztürme am → Limes, bei der ein → Trockenmauerwerk mit vier Eckpfosten im Innern horizontal verlegte Balkenzüge aufweist. Das Gitterwerk ist mit Steinen, Erde und Lehm ausgefüllt worden.

Basilika Überdeckte, langgestreckte, meist mehrschiffige Halle, deren Mittelschiff breiter und höher ist als die Seitenschiffe und die Licht aus den in die Hochwände des Mittelschiffes eingelassenen Fenstern erhält.

In der römischen Basilika befand sich gegenüber dem Haupteingang an einer Schmalseite des Baus oft eine → Apsis, in der Amtshandlungen von Beamten stattfinden konnten.

Aus der zunächst als Börse für den Warengroßhandel dienenden Basilika entsteht die allen Kaufleuten geöffnete Marktbasilika, die nur in seltenen Fällen als Gerichtsplatz dient. Die christliche Basilika, ein zunächst den Märtyrern geweihter Memorialbau, stimmt in ihrer Grundform mit der Marktbasilika überein.

Blockbauweise Massive, horizontal aufeinandergelegte Holzbohlen werden bei der Blockbauweise durch Nut und Feder miteinander verbunden und stehen an den Ecken über. Diese Bauweise zeichnet sich durch ihre extrem lange Haltbarkeit aus.

Bronzezeit Die Bronzezeit hat ihren Namen nach den in dieser Epoche aus Bronze hergestellten Werkzeugen und Waffen, die sich als viel widerstandsfähiger erwiesen als die aus reinem Kupfer gefertigten Gegenstände der vorangegangenen Zeit. Man unterscheidet insgesamt zwei Epochen:

1. Hügelgräberbronzezeit (16.-13. Jh. v. Chr.; die Toten werden in Hügelgräbern beigesetzt)
2. Urnenfelderzeit (1250-800/750 v. Chr.; die Asche des verbrannten Toten wird in Urnen auf Friedhöfen bestattet, es fehlt der darüber aufgeschüttete Hügel).

Brunnenschacht Die Brunnen der vorgeschichtlichen und römischen Zeit, zunächst wohl einfache Quellfassungen, später künstlich angelegte Schächte, waren oft mit Holz verschalt.

Buntsandstein Ein besonders in Deutschland weitverbreitetes Steinmaterial, das unter wenig fruchtbarem, meist mit Wald bedecktem Boden ansteht und als Baumaterial sehr geschätzt wurde. Das Gestein bildet die unterste Stufe der Triasformation und wird in unteren, mittleren (oder Haupt-) und oberen (oder Röt-) Buntsandstein untergliedert.

Caesar Gaius Julius Caesar, römischer Staatsmann und Politiker, den Brutus an den Iden des März (15.3.) 44 v. Chr. ermordete. Er war von 58-51 v. Chr. als Statthalter in → Gallien eingesetzt, das er bis zum Rhein unterwarf und damit die Rom bedrohende Germanengefahr abwendete. Über seine Feldzüge verfaßte er das Buch »Commentarii de Bello Gallico« (→ Gallischer Krieg).

Caracalla Römischer Kaiser von 211-217 n. Chr. Er unternahm 213 n. Chr., vielleicht von Dalkingen bei Aalen aus, einen Vorstoß in das → Freie Germanien.

Civitas (Stammesgemeinde) Volksgemeinde, der Rom bis zu einem gewissen Grad politische Selbständigkeit zuerkannt hatte. Voraussetzung dafür war eine romanisierte Bürgerschicht, die die Verwaltung nach römischem Vorbild leiten konnte. Jede Stammesgemeinde besaß einen Vorort, an dem die Behörden ihren Sitz hatten. Stammesgemeinden konnten Gebietsnamen tragen (Civitas Taunensium) oder ihre Stammesnamen beibehalten (Civitas Ulpia Sueborum Nicretum).

Claudius Römischer Kaiser. Regierungszeit 41-54 n. Chr. Claudius sicherte die bereits in der Regierung des Tiberius (14-37 n. Chr.) erreichte Donaugrenze mit zahlreichen → Kastellen.

Danuvius Antiker Name des Donauoberlaufes. Der Fluß wird in der Plastik, etwa auf der → Trajanssäule, als alter, bärtiger Mann dargestellt.

Daphne (griechisch »Lorbeer«). Nymphe, die von → Apoll geliebt wird, aber vor ihm flieht und auf ihre Bitte von der → Erdgöttin in einen Lorbeerbaum verwandelt wird. Seither gilt der Lorbeer als heiliger Baum dieses Gottes.

Diana Römische Göttin der Jagd, charakterisiert durch Pfeil und Bogen. Daneben trägt sie aber auch Züge der griechischen Göttin Artemis und ist in dieser Eigenschaft Schutzgöttin der Frauen, denen sie vor allem bei Geburten beisteht. Häufig findet man sie auf Sockeln der → Jupitergigantensäulen dargestellt.

Domitian Römischer Kaiser von 81-96 n. Chr. Nach Siegen über die Chatten (germanischer Stamm) ließ er 85 n. Chr. die Provinz → Obergermanien gründen. Am → Limes im Taunus und in der Wetterau sowie am mittleren Neckar entstanden während seiner Regierung zahlreiche → Kastelle.

Donau-Iller-Rhein-Limes Spätrömische Grenzbefestigung mit kleinen → Kastellen, die nach der Aufgabe des rechtsrheinischen Gebietes von den Römern um 280 n. Chr. angelegt wurde. Einige Garnisonen dieser Grenze blieben trotz des Zusammenbruches des Römischen Reiches bis in das frühe 5. Jh. n. Chr. besetzt.

Doppelgraben Zwei unmittelbar hintereinander verschieden tief ausgehobene Gräben. In den Gräben angebrachte Annäherungshindernisse aus Holz erschwerten den Sturm feindlicher Truppen auf das → Kastell.

Drainagegraben Entwässerungsgraben bei → Bädern, → Kastellen oder sonstigen Bauten, die zum Ablaufen des gebrauchten Wassers dienten. In feuchten Böden sollten sie außerdem hochdrückendes Grundwasser ableiten und dadurch das Mauerwerk trocken halten.

Endbeschlag Aus (Edel)Metall angefertigte, kunstvoll ausgestaltete Verzierung, die die Spitze eines → Trinkhornes schmückte. Allgemein werden alle am Ende eines Gegenstandes angebrachten Verzierungen als Endbeschläge bezeichnet.

Erdgöttin Gaia (oder Ge), nach der griechischen Sage die Urmutter, die zuerst aus dem Chaos entstand. Sie ist Mutter wilder, unheimlicher Wesen wie z. B. der → Giganten. In Attika gilt sie aber andererseits auch als Pflegerin allen Wachsens und Gedeihens und wird deshalb oft mit einem Füllhorn und Früchten oder Kindern dargestellt.

Erote Geflügelter Knabe, den die Römer mit Amor gleichsetzten. Zu den Attributen der Eroten gehören Leier und Blumen, später auch der Bogen.

Erdwall Bei → Kastellen oder Befestigungen ein nur aus Erde aufgeschütteter → Wall von unterschiedlicher Höhe. Das Erdmaterial wurde meist beim Ausheben eines vor dem Wall angelegten Grabens gewonnen.

Estrichböden Bei römischen Bauten wurden die Fußböden von Wohnräumen oder Thermen mit Estrich ausgekleidet. Ein Lehmestrich bestand aus einer ungefähr 0,20 m starken, festgestampften Lehmschicht. Bei einem Kalkmörtelestrich wurde auf eine feste Unterlage aus Steinen ein Kalk-Kies-Gemisch aufgebracht. Als Ziegelestrich bezeichnet man ihn, wenn kleingeschlagene Ziegel beigemischt sind. Diesen wasserundurchlässigen Estrich hat man gerne bei Baderäumen und → Bädern verwendet.

Fachwerkbau Bei den Römern übliche Technik des Hausbaus, wie beim späteren mittelalterlichen Fachwerkbau unter Verwendung tragender Holzelemente. Die einzelnen Holzpfosten waren miteinander verzapft. Außer reinen Fachwerkbauten wie Pfostenständerbauten und Pfostenbauten im Schwellriegelverband sind im römischen Kulturkreis auch auf einem Steinsockel errichtete Fachwerkbauten häufig. Die Hauswände bestanden aus Lehmflechtwerk, das mit Kalkmörtel verputzt und bemalt sein konnte. Die Dächer waren wohl flachgeneigte Pfettendächer mit Schindeln oder Dachziegeln und Firstsäulenkonstruktion.

Die Inneneinteilung wurde ebenfalls mit leichten Holzwänden vorgenommen, von denen sich nur die Pfostenlöcher der Ständerbalken erhalten haben. Deshalb ist es oft schwierig, das Aussehen eines römischen Fachwerkhauses zu rekonstruieren.

Faustkeil Ein aus Steinmaterial wie Feuerstein gearbeitetes Werkzeug, das für die → Altsteinzeit typisch ist.

Feldwache Kleine Militäranlage am → Limes wie Dalkingen, in die mehrere Soldaten von einer benachbarten Garnison abkommandiert wurden. Sie hatten häufig besondere Aufgaben wahrzunehmen, etwa den Grenzverkehr am Limes zu kontrollieren.

Feldzeichen Jede römische Einheit besaß besondere Feldzeichen, nämlich Standarten (lat. signa) und Fahnen (lat. vexilla). Das bedeutendste Feldzeichen war der nur den → Legionen zustehende Legionsadler. Im Krieg wurden die Feldzeichen ins Feld mitgeführt und zeigten bei Kämpfen den Soldaten an, wo ihre Einheit stand. In Friedenszeiten bewahrte man sie im → Stabsgebäude der Garnison auf. Ihr Aussehen vermögen wir uns anhand der Abbildungen auf der → Trajanssäule in Rom, auf Soldatengrabsteinen und auf Münzen vorzustellen.

Fenster Die Fenster sind an römischen Wohnbauten meist rechteckig, bei Kultbauten dagegen im oberen Teil öfter schmäler als im unteren. Grünlich-blaues, milchiges Fensterglas (lat. vitrum) sollte vor allem die Kälte abhalten.

Fortuna Glücksgöttin, deren kennzeichnende Attribute, Füllhorn und Steuerruder, für das wechselhafte Geschick im menschlichen Leben stehen. Zahlreiche Beinamen bezeugen, daß sie auch als Helferin und Retterin in vielen Dingen galt (Fortuna redux - Fortuna, die für die glückliche Heimkehr sorgte; Fortuna balinearis - Fortuna des Bades).

Franken Den Namen »Franci« benutzten die Römer seit dem 3. Jh. n. Chr. für mehrere am rechten Ufer des Niederrheins siedelnde Stämme. In der Mitte des 4. Jh. n. Chr. führte ihr Vorstoß zum Verlust der Städte im Rheingebiet. Um 450 n. Chr. sind die Franken in Belgien und im Mosel- und Rheingebiet nachzuweisen, von wo sie an die Marne und die Seine vorstießen. Sie unterwarfen die → Alamannen und beherrschten vom 5. Jh. n. Chr. an Europa.

Freies Germanien Nicht unterworfene germanische Völker, die im Gebiet westlich der Elbe und nördlich der Donau siedelten. Angehörige besonders ausgezeichneter Stämme konnten an Markttagen den → Limes an Grenzpunkten passieren und bestimmte Städte aufsuchen, um Handel zu treiben. So wurden auch römische Erzeugnisse in das Freie Germanien ausgeführt.

Fürstensitz Befestigte Siedlung der → Hallstattzeit, die offenbar von einem mächtigen Fürsten regiert wurde. Importe aus dem Mittelmeerbereich können als Kennzeichen der Fürstensitze gelten, da die Herrscher weitreichende Handelsbeziehungen unterhalten haben. Die toten Fürsten, bei denen nach zahlreichen Doppelbestattungen vielleicht der Brauch der Witwenfolge geübt wurde, sind in der Nähe ihrer Fürstensitze in großen Grabhügeln mit zahlreichen kostbaren Beigaben bestattet worden.

Fugenstrich Rote Farbstriche, die entweder auf dem vollständig verputzten Mauerwerk oder auf den → Mörtelschichten die einzelnen Steinlagen markieren.

Fundinventar Charakteristisches Fundmaterial einer bestimmten Zeit- oder Kulturstufe wie z. B. der → Faustkeil für die Faustkeilkulturen.

Fußbodenheizung Angeblich von den Römern im frühen 1. Jh. v. Chr. entwickelte, wahrscheinlich aber bereits von den Griechen übernommene Art, Räume und → Bäder zu heizen.

Der Fußboden des erwärmten Raumes war durch kleine Pfeiler aus hitzebeständigem Material, etwa → Ziegeln, vom Estrichboden abgehoben. Ebenso hatte man die Wände mit Hohlziegeln verkleidet, die in einen Kamin mündeten. An einer außerhalb des Gebäudes gelegenen Heizstelle (Feuerstelle) wurde das Feuer unterhalten. Die erwärmte Luft zog durch die Heizöffnung in die Heizkanäle bzw. in die Hohlräume zwischen Boden und Fußboden des beheizten Raumes und von hier aus durch die Hohlziegel an den Wänden zum Rauchabzug (Kamin).

Die Fußböden der beheizten Räume waren vor allem in den Bädern so heiß, daß sie nur mit Holzsandalen betreten werden konnten. Da es aber lange dauerte, bis die gewünschte Raumtemperatur erreicht war, ist vor allem in den Bädern das Feuer wohl durchgehend Tag und Nacht beschickt worden.

Gagat Schwarze, leicht glänzende Braunkohle, die muschelig bricht. Man kann Gagat schneiden, bearbeiten und hochglänzend polieren. Er wurde in vorgeschichtlicher Zeit sowie während der → Hallstattzeit gern zu Schmuck verarbeitet.

Gallien Westlicher Bereich von Europa zwischen Rhein, Alpen, Mittelmeer, Pyrenäen und Atlantik. Im südlichen Bereich gründeten die Römer bereits 125–118 v. Chr. eine Provinz, die erst 406 n. Chr. aufgegeben wurde. Caesar schob 58–51 v. Chr. die Reichsgrenze in Gallien bis an den Rhein vor.

Gallischer Krieg Von → C. I. Caesar gegen die keltischen Stämme von 58–51 v. Chr. geführte Feldzüge, die zur Unterwerfung → Galliens bis an den Rhein führten.

Gesims In der Architektur eine gegliederte, aus der Wand hervortretende Steinlage. Es gibt Fuß- oder Sockelgesimse, die das Sockelgeschoß (etwa → Keller) nach oben abschließen, oder Dachgesimse, die zwischen Baufront und Dach hervortreten.

Gottheiten, keltische Götter der → Kelten wurden von den Römern teilweise in ihren Pantheon aufgenommen und mit römischen Göttern gleichgesetzt (sog. »Interpretatio Romana«), teilweise auch als neue Gottheiten verehrt wie z. B. die Göttin Epona, die Pferde und Ställe schützte, aber auch für den Transportverkehr zuständig war.

Gottheiten der Wochentage Nach römischem Glauben war jeder Wochentag einem anderen Gott heilig. So gelten als Schutzgötter für Montag → Luna, Dienstag → Mars, Mittwoch → Merkur, Donnerstag → Jupiter, Freitag → Venus, Samstag → Saturn und Sonntag → Sol.

Göttinnen der Vier Jahreszeiten = Horen. Die meist durch unterschiedlichen Blütenschmuck gekennzeichneten Göttinnen der vier Jahreszeiten bewachten auf Weisung → Jupiters die Himmelspforte. Nach römischer Auffassung begannen die verschiedenen Jahreszeiten an folgenden Tagen: Frühling 7. Februar, Sommer 9. Mai, Herbst 11. August und der Winter am 10. November.

Grabhügel (Grabtumulus) In verschiedenen Epochen über einem Grab aufgeschütteter Hügel von teilweise monumentalem Ausmaß. Charakteristisch ist diese Bestattung vor allem für die Hügelgräberbronzezeit (16.–13. Jh. v. Chr.) und die → Hallstattzeit (750–350 v. Chr.), in der über der hölzernen, von einer Steinpackung bedeckten Grabkammer ein Hügel aus Rasensodenplatten und Erde aufgeschüttet wurde. Die älteste Bestattung findet sich zentral in der Hügelmitte und wird deshalb als »Zentralbestattung« bezeichnet. Da Grabräuber offenbar wußten, wo sie die reichsten Beigaben finden konnten, sind die Zentralbestattungen fast immer antik beraubt. Später in der Hügelschüttung vorgenommene Beisetzungen bezeichnet man als »Nachbestattung«.

Gravettien → Altsteinzeit

Grenzgottheiten = Fines, die über die Grenzen und ihre Einhaltung wachenden Götter.

Grubenhäuser Wohnhäuser, deren unterer Teil in den gewachsenen Boden eingetieft ist. Damit wollte man die natürliche Erdwärme ausnutzen. Fast alle Häuser des → Neolithikums waren Grubenhäuser. Zu trennen ist aber zwischen solchen Bauten, deren Boden zugleich der Wohnboden der Häuser war und solchen, unter denen die zahlreichen, meist unregelmäßigen Eintiefungen als Keller- und Vorratsräume dienten und daher ein gleichmäßiger Bodenbelag zu rekonstruieren ist.

Gutshof Römische Gutshöfe, von den antiken Autoren im Gegensatz zum Stadthaus als villa rustica bezeichnet.
Neben der Erzeugung landwirtschaftlicher Produkte können oft kleine handwerkliche Betriebe wie Töpfereien, Schmieden, Kalk- und Ziegelbrennereien oder Herstellung von Textilien und Lederverarbeitung nachgewiesen werden. Die Bewohner dieser Höfe waren wirtschaftlich völlig selbständig. Die Gutshöfe in unmittelbarer Nähe von Städten waren wirtschaftlich sicher auf den Handel mit den Stadtbewohnern ausgerichtet, produzierten also nicht nur für den eigenen Bedarf, sondern verkauften den Überschuß an Markttagen in den Städten.
Zu den Hofanlagen der villa rustica gehören außer dem Hauptgebäude ein kleines → Bad, entweder an das Wohngebäude des Besitzers angebaut oder freistehend und dem Besitzstand entsprechend ausgestattet, sowie zahlreiche Nebengebäude wie Ställe, Scheunen, Gesindewohnhäuser und Handwerksbauten. Das gesamte Areal war zum Schutz vor wilden Tieren von einer Hofmauer umschlossen. Das Wohnhaus des Gutsbesitzers lag stets an bevorzugter Stelle auf dem höchsten Punkt innerhalb des Anwesens, von dem aus man das ganze Gutsgelände überblicken konnte. Es war vollständig aus Stein aufgeführt und mit Fußbodenheizung, Wandbemalung und teilweise auch → Mosaiken recht luxuriös ausgestattet. Fensterscheiben aus grünlich-blauem, undurchsichtigem Glas hielten vor allem die Kälte ab. Das Dach des Hauses war mit roten → Ziegeln gedeckt, eine Bauweise, die erst die Römer in unserem Raum einführten.
Die Wirtschafts- und Gesindewohnbauten hatte man als → Fachwerkgebäude errichtet, die manchmal auf einem Steinsockel standen. Deshalb sind solche Nebenbauten bei Ausgrabungen auch wesentlich schwerer nachzuweisen. Teilweise waren sie direkt an die Hofmauer angebaut.
Kleine Kultstätten fehlten auf Gutshöfen ebenfalls nicht. Häufig waren auch → Jupitergigantensäulen aufgestellt, deren absichtlich zertrümmerte Reste sich oft in → Brunnenschächten des Gutshofes finden.
Besitzer der villae rusticae waren meist Veteranen und einheimische Bauern. Einige von ihnen haben die Güter möglicherweise nur in Pacht betrieben.
Die Bedeutung der villae rusticae liegt neben der agrarwirtschaftlichen Erschließung und Versorgung des Landes vor allem in der von hier aus betriebenen Romanisierung. Die Siedler bevorzugten eindeutig das fruchtbare Gebiet neckarabwärts von Rottenburg bis Bad Wimpfen, ferner die Gegend um die Neckarmündung, Oberrhein-, Kocher- und Jagsttal, das Donautal südlich der Alb

und das Enzgebiet. Auf der wenig siedlungsfreundlichen Alb finden sich Gutshöfe dagegen nur vereinzelt, während sie im Odenwald und im Schwarzwald völlig fehlen.

Hadrian Römischer Kaiser von 117–138 n.Chr. Er galt als sehr provinzfreundlich und reiste viel. In seine Regierung fällt der Ausbau des → Limes mit einer durchgehenden Holzpalisade.

Hallstattzeit Eine von 750–350 v.Chr. datierte Kulturepoche, die nach dem erstmals verwendeten Eisen früher oft als »Eisenzeit« bezeichnet wurde. Sie ist in der Spätzeit gekennzeichnet durch das Auftreten der großen → Fürstensitze. Der Wohlstand der hier lebenden Herren beruhte auf dem Handel mit Salz und Eisen, der bis nach Frankreich und Italien reichte. Von dort wurden Wein und Keramik importiert. Funde aus dem Mittelmeerbereich können daher als typische Kennzeichen der Fürstensitze gelten.

Das Kulturgut der Hallstattzeit ist fast ausschließlich durch Grabfunde auf uns gekommen. Zu den charakteristischen Beigaben gehören Eisenschwerter und -dolche, reich geformter Schmuck wie Fibeln, Nadeln, Bronzeringe, Gürtelbleche und Armreife aus → Gagat, Glas- und Bernsteinperlen sowie Bronzegefäße. Als Herrschafts- oder Rangabzeichen tragen die regierenden Fürsten einen goldenen Halsreif (Torques). Besonders prächtig ist auch die kunstvoll getöpferte und durch Linien-, Kerbschnitt- und Stempelornamente sowie durch Farbeinlagen (Rot, Weiß und Graphit) reich verzierte Keramik mit ansprechenden Formen. Vereinzelt lassen sich erste Steinplastiken nachweisen.

Herekura (oder Aerecura). Oft auf den Begräbnisstätten dargestellte Todesgöttin oder Herrscherin in der Unterwelt. Sie symbolisiert aber gleichzeitig auch die aus dem Boden entstehende Fruchtbarkeit und ist deswegen oft mit einem segenbringenden Früchtekorb abgebildet.

Hochrelief Ein erhaben aus dem Stein herausgearbeitetes Relief. Als Gegensatz dazu kennt man auch das versenkte, also tief in den Stein eingeschnittene Relief.

Hohlkehle Halbrund eingetiefte Zierleiste, die zusammen mit → Gesimsen, Säulenbasen oder Pfeilern auftritt. Sie besteht entweder aus einem Viertelkreis, einem Halbkreis oder zwei Viertelkreisen von verschiedenen Radien.

Hohlziegel → Bad

Holz-Erde-Mauer Mauerwerk mit einem aus vertikal in den Boden gesetzten Pfosten und querliegenden Ankerhölzern erstellten Kastensystem, das mit Steingeröll und Erde verfüllt wurde. Außen- und Innenfront sind mit Schalen aus kleinteiligem Mauerwerk verblendet.

Holzrost Parallel zueinander verlegte Holzbohlen, die unter einer Mauer oder einem → Wall auf dem eingeebneten Boden das Abrutschen der Befestigung verhindern sollten.

Hornstein (Radiolarit). Dichter, grau, gelb, rot, braun oder grün gefärbter Quarz, der splittrig bricht.

Hypokaustraum → Bad

Imperium Lat. Bezeichnung für das römische Reichsgebiet.

Jungsteinzeit → Neolithikum

Juno Als Gemahlin des Jupiter oberste weibliche Gottheit, die als Göttin der Frauen das gesamte Frauenleben beschützte. Heilig waren ihr der Pfau, die Gans und die Krähe.

Jupiter (→ Gottheiten der Wochentage) Höchster römischer Gott, der als Jupiter Optimus Maximus (»bester und größter Jupiter«) auf dem Kapitol in Rom verehrt wurde, aber auch in allen römischen Provinzen. Sein heiliges Tier war der Adler.

Jupiter tonans Gewittergott (lat. tonare = donnern). Eine Sonderform des römischen Gottes Jupiter, der in dieser Eigenschaft für das Wetter, vor allem für Gewitter, verantwortlich war und wohl Züge des keltischen Gottes Taranis trägt.

Jupitergigantensäulen Denkmälergattung, die sich hauptsächlich in → Obergermanien, vereinzelt in Niedergermanien und ganz selten in Britannien findet. Deshalb nimmt man an, daß keltische Vorstellungen bei diesem Monument eine wesentliche Rolle gespielt haben. Nach dem Limesfall wurden fast alle Jupitergigantensäulen mutwillig zerstört, so daß sich bis heute noch kein vollständiges Exemplar aufgefunden hat.
Die meist vorzüglich gearbeiteten → Säulen bestehen aus mehreren Einzelteilen. Auf dem → Viergötterstein können verschiedene Gottheiten dargestellt sein. Oft findet sich hier aber auch die Weihinschrift (→ Altar), mit der der Stifter das Monument Jupiter Optimus Maximus, dem höchsten → Jupiter und bisweilen gleichzeitig der Himmelskönigin → Juno weiht. Zwischen der Säule, deren Schaft glatt belassen, geschuppt, mit Weinlaub oder mit Eicheln verziert sein kann, und dem Viergötterstein ist der Wochengötterstein (→ Gottheiten der Wochentage) eingefügt. Die Säule wird von einem mit den Personifikationen der Vier Jahreszeiten geschmückten → Kapitell bekrönt, auf dem sich die Figurengruppe des Reiters und des Giganten erhebt.
Jupiter reitet, einen Blitz in der erhobenen rechten Hand schwingend, über den liegenden Giganten hinweg, der hier wohl die gefährlichen Mächte der Unterwelt charakterisiert. Da der Gott als Attribut häufig ein im römischen Glauben nirgends nachzuweisendes Rad bei sich hat, nimmt man an, daß er hier in der Gestalt des keltischen Gottes Taranis auftritt.

Jura Formation des Erdmittelalters, die aus drei übereinanderliegenden Schichten besteht: zuunterst Schwarzer Jura (Malm), Brauner Jura (Dogger) und zuoberst Weißer Jura (Lias).
Jurahornstein (Radiolarit) In den Juraformationen anstehender → Hornstein.
Jurasandstein Im Jura auftretender, verschieden gefärbter, wasserdurchlässiger Sandstein, ein in römischer Zeit beliebtes Baumaterial.
Kanal Zu- und → Abwasserkanäle können verschiedenartig erbaut worden sein: zum einen gab es aufgemauerte Kanäle, die mit dem wasserundurchlässigen Ziegelestrich ausgekleidet waren. Oft hatte man aber auch die Sohle eines gemauerten Kanals mit übereinandergeschobenen → Ziegeln ausgelegt. Daneben sind Deichelleitungen aus Ton- oder Holzröhren bekannt, die durch Muffen verbunden waren. Sie haben sich aber nur in vereinzelten Fällen erhalten.
Kanalheizung Seltene Form der → Fußbodenheizung. In den Hohlraum zwischen Boden und Fußboden hatte man → Kanäle eingebaut, durch die die Warmluft ziehen und die Räume erwärmen sollte.
Kanneluren (kanneliert). Senkrecht verlaufende, durch einen scharfen Grat voneinander getrennte → Hohlkehlen auf Säulenschäften (▶ Ladenburg).
Kapitell Oberstes, über den Schaft vorspringendes Glied einer → Säule, eines Pfeilers oder eines Pilasters. Es soll zwischen der Säule als dem tragenden Element und dem Gebälk oder Gewölbe als auflastendem Element vermitteln und ausgleichen.
Kastell (→ Lager) Garnison für die Hilfstruppen des römischen Heeres (im Gegensatz zum Lager, das eine → Legion bezog). Sein Grundriß entspricht weitgehend dem des Lagers.
Kastellbad → Bad
Keller Keller finden sich in römischen Wohnhäusern unter der Säulenhalle oder einem der Ecktürme. Sie waren über eine hölzerne Rampe oder Treppe, seltener dagegen über Steintreppen zugänglich.
Die tiefer liegenden Keller haben sich fast stets recht gut erhalten. Über dem festgestampften Kellerboden war eine stärkere Sandschicht aufgebracht. In runde, meist entlang einer Kellerwand angelegte Bodenvertiefungen konnten die großen → Amphoren gestellt werden, die als Vorratsbehälter für Flüssigkeiten wie Öl, Fischsaucen und Wein dienten. Häufig findet man auch Reste der steinernen Kellertische, die sorgfältig mit → Hohlkehlen profilierte Säulenschäfte haben und eine runde Platte tragen. Die Kellerböden wurden oft von einem → Drainagegraben oder einer

Sickergrube trockengehalten. Licht fiel von außen durch die Kellerfenster ein, die häufig in der Art von Schießscharten aus einem großen Stein herausgehauen und als nach unten breiter werdende schräge Lichtschächte in die Außenwand des Gebäudes eingelassen waren (▶ Oberriexingen).
Die Kellermauern waren verputzt und oberhalb der Fundamente mit einem roten → Fugenstrich verziert. In zahlreichen Nischen konnten Vorräte oder Lampen abgestellt werden.
Kelten In Südwestdeutschland sind keltische Volksstämme Träger der → Hallstatt- und → Latènekultur (750–450 v. Chr. bzw. 450 v. Chr.–1. Jh. n. Chr.), die nach der römischen Eroberung mit der neuen Kultur verschmilzt, teilweise aber bestehen bleibt. Besonders gut ist das im religiösen Bereich zu verfolgen, wo keltische → Gottheiten in den römischen Pantheon aufgenommen werden oder keltische Glaubensvorstellungen bei der Ausbildung bestimmter Monumente eine bedeutende Rolle gespielt haben wie etwa bei den → Jupitergigantensäulen.
Kleinkastell Nach Vorbildern von → Lagern und → Kastellen erbaute, kleine Garnisonen, die etwa 150 Mann starke Einheiten (»Numeri«) aufnehmen konnten. Diese Truppen leisteten besondere Wach-, Beobachtungs- und Aufklärungsdienste.
Kohortenkastell Kastell für eine 500 Mann starke Infanterietruppe. Sein Grundriß entspricht dem des → Lagers.
Kultraum Raum, in dem Gottheiten verehrt werden. Kulträume können Einzelräume ohne besondere Vorbauten sein. Bei → Tempeln bezeichnet man den Raum als Kultraum, in dem das Götterbild stand.
Kulturschichten (»Straten«) Schichten, in denen bei Ausgrabungen Reste menschlicher Kulturen angetroffen werden wie etwa Baureste, Gruben, Feuerstellen oder auch Abfälle. Nicht durch menschliche Eingriffe gestörte Schichten sind fundleere oder ungestörte Straten.
Lager Für Lager und → Kastelle gibt es ein seit dem 2. Jh. v. Chr. festgelegtes Schema. Das → Stabsgebäude, Sitz der Verwaltung, liegt zentral im Garnisonsgelände. Davor verläuft die die beiden Seitentore verbindende Hauptstraße (lat. via principalis), auf die vor dem Stabsgebäude die zum Hauptausfalltor führende Straße mündet. Im vorderen Kastellbereich finden sich zwischen den Hauptstraßen die Kasernen der ersten Truppenabteilungen, die übrigen sind mit den Werkstätten, Ställen, Remisen usw. im rückwärtigen Kastellbereich untergebracht.
Zwischen den Innenbauten und der das Lager-/Kastellgelände einschließenden Mauer verlief die Lagerringstraße (lat. via sagularis), von der aus an verschiedenen Seiten Aufgänge zu den

Wehrmauern führten. Die Mauer selbst war bei den meisten Anlagen zunächst in → Holz-Erde-Bauweise ausgeführt, d.h. ein hölzernes Mauergerüst wurde mit Erdmaterial aufgefüllt. Erst wenn ein Kastell länger bestand, wurde sie durch eine Steinmauer ersetzt, die Zinnendeckel (▶ Welzheim) trug. Bei beiden Mauern finden sich aus Holz errichtete Wehrgänge und in regelmäßigem Abstand Eck- und Zwischentürme.
Neben den Militäranlagen entstanden Lagerdörfer, in denen Händler und Marketender sowie die Familien der Soldaten lebten. Häufig verbrachten die Soldaten ihre Freizeit im Lagerdorf.

Latènezeit Gegen 400/350 v.Chr. einsetzende, im 1.Jh.n.Chr. endende Kulturepoche, benannt nach dem Fundplatz La Tène am Neuenburger See in der Schweiz, die zwar auf der vorhergehenden Hallstattzeit fußt, aber doch auf soziale Veränderungen von tiefgreifender Wirkung schließen läßt. So fehlen vor allem die großen Fürstenbestattungen. Die Toten werden nur noch in einzeln oder in Gruppen angelegten Flachgräbern beigesetzt. Charakteristisch für die Spätlatènezeit sind die → Viereckschanzen, die sich überall in Baden-Württemberg finden und als Heiligtümer gedeutet werden.
Die Bevölkerung lebte meist in Einzelgehöften, die aus einem Wohn- und mehreren Nebengebäuden bestanden. An wichtigen Verkehrsknotenpunkten gab es aber auch größere Dörfer, deren Namen wie bei Grinario (Köngen) oder Sumelocenna (Rottenburg) und Lopodunum (Ladenburg) auch noch in römischer Zeit beibehalten wurden. Ackerbau und Viehzucht sind belegt. Berühmt war im Altertum aber auch die keltische Pferdezucht, und die → Kelten selbst galten als hervorragende Reiter.
Für die Latènezeit sind vor allem zweischneidige Langschwerter typisch, ferner Lanzenspitzen, zahlreiche Fibelformen und Hohlarmringe. Die auf der Scheibe gedrehte Keramik ist glänzend schwarz, weist aber nicht mehr die gleiche Formenvielfalt auf wie die Ware der → Hallstattzeit. Bildwerke aus Holz dürfte es gegeben haben, sie sind aber nur durch Zufall erhalten; → Steinstelen wurden dagegen selten angefertigt. Die erst in der Latènezeit einsetzende Münzprägung der Kelten weist deutliche Beziehungen zum Mittelmeer auf, indem zunächst einfach die dortigen Bilder kopiert wurden.

Latrine Toilettenanbau, in dem mehrere, nicht durch Zwischenwände voneinander getrennte Toiletten untergebracht waren. Ständig unter den Toiletten fließendes, meist aus dem Badegebäude kommendes Wasser sorgte für die Reinigung.

Legion Kerntruppe des römischen Heeres, ca. 5000-6000 Mann stark, in der nur römische Bürger als Berufssoldaten dienen durften. Jede Legion trug eine Nummer und außerdem noch einen Beinamen (etwa »rapax – die Raubende«).

Lehmziegel Aus Lehm und Häckselmaterial geformter → Ziegel, der nur an der Luft getrocknet, aber nicht gebrannt war. Die Lehmziegel sind vor allem im Mittelmeerbereich häufig benutzt worden.

Lehmziegelmauer Mauer aus luftgetrockneten Lehmziegeln, die auf einem Steinfundament aufsaß. Im Mittelmeerbereich findet man sie bei dem dort herrschenden trockenen Klima häufig, in Deutschland dagegen nur vereinzelt (▶ Heuneburg).

Limes (lat. = »Grenze«) Von römischen Autoren bald allgemein auf alle Befestigungen und Befestigungswerke übertragen, die in den verschiedenen Provinzen des Römischen Reiches die Grenzen sicherten.

Mehrere Grenzkorrekturen, die relativ genau zu datieren sind, verschieben den Limes vom Rhein zum Odenwald und schließlich auf die Linie Miltenberg – Lorch bzw. vom Alpenvorland an die Donau und auf die Schwäbische Alb. Nach 260 n. Chr. zwingen die Alamanneneinfälle die Römer, die Grenze wieder an Rhein und Donau zurückzunehmen.

Am Limes sind in → Obergermanien und → Rätien folgende verschiedene Ausbauphasen nachzuweisen:

1. Sicherung der als Schneise angelegten Grenze durch hölzerne Wachttürme
2. Anlage einer durchgehenden → Palisade vor dem Grenzweg (ca. 120–130 n. Chr.)
3. Ausbau der Holztürme in Stein (2. Hälfte 2. Jh. n. Chr.)

4a. Sicherung der Grenze durch ein hinter der Palisade ausgehobenes Wall-Graben-System (Ende 2./Anfang 3. Jh. n. Chr.)

4b. An der rätischen Grenze Bau der → Rätischen Mauer (Ende 2./Anfang 3. Jh. n. Chr.).

Limesfall Damit wird von Historikern und Archäologen die Zeit zwischen 233 und 259/60 n. Chr. bezeichnet, in der die → Alamannen, ein germanischer Volksstamm, den vorderen Limes (Linie Miltenberg – Lorch) wiederholt überrannten und in das römische Gebiet einfielen. 260 n. Chr. zogen sich die römischen Truppen an den Rhein zurück, und gegen Ende des 3. Jh. n. Chr. wird die spätrömische Befestigung angelegt, die man als → »Donau-Iller-Rhein-Limes« bezeichnet.

Limestrasse Die Streckenführung des → Limes im Gelände.

Luna (→ Gottheiten der Wochentage) Mondgöttin, die in Rom einen eigenen Kult besaß, aber auch zusammen mit dem Sonnengott → Sol verehrt wurde.

Magdalénien → Altsteinzeit

Markomanneneinfälle Einfälle der Markomannen in der 2. Hälfte des 2. Jh. n. Chr., die die Donaugrenze überrannten und bis in das Wiener Becken vorstießen. Das Kastell Regensburg wurde während dieser Zeit angelegt, um die rätische Grenze wirksam zu schützen.

Mars (→ Gottheiten der Wochentage) Römischer Kriegs- und Frühlingsgott. Sein → Tempel auf dem Marsfeld war neben dem Kapitol eine der wichtigsten Kultstätten Roms. Die heiligen Gegenstände des Gottes waren Lanze und Pflugstier.

Massenkalk Ungeschichteter, »massiger« Kalk des oberen Mittel- und unteren Oberdevons, der im rechtsrheinischen Schiefergebirge ansteht und reich an Höhlenbildungen ist.

Mauerfuge Wichtiges Merkmal, um bei Gebäuden An- und Umbauten von der ursprünglichen Bausubstanz zu trennen: stoßen Mauern mit einer Fuge aneinander und binden nicht ineinander ein, liegt in den meisten Fällen eine spätere bauliche Veränderung vor.

Megalithgrab (griechisch = »Grab aus großen Steinen«), Steinkistengrab. Aus großen Steinblöcken errichtete Gräber mit meist rechteckigem Grundriß, die ursprünglich fast immer von Erdhügeln überwölbt waren. In die Stirnplatte kann ein → Seelenloch gebohrt sein. Die meisten westeuropäischen Steinkistengräber datieren in die Jungsteinzeit (→ Neolithikum).

Menhir (kelt. = »Hünenstein«) Die senkrecht aufgestellten, nur roh bearbeiteten Felsblöcke, → Stelen, meist Findlinge von überdimensionalen Ausmaßen, sind einzeln, in Reihen oder in Kreisen aufgestellt. Einige von ihnen stammen bereits aus der Jungsteinzeit (→ Neolithikum), die anderen aus späteren Epochen. Sie gehören meistens zu Gräbern oder Kultanlagen.

Merkur (→ Gottheiten der Wochentage) Römischer Gott für den Handel, gleichzeitig auch Götterbote. Kennzeichnende Attribute sind Flügelschuhe, Schlangenstab, Flügelhut sowie der Geldbeutel, den er in der Hand trägt. Als sein Opfertier gilt die Ziege.

Micoquien → Altsteinzeit

Mithras Ein iranischer Gott, in dessen Kult der Gegensatz zwischen Licht und Dunkel sowie Gut und Böse betont wurde. Jeder Gläubige mußte wie Mithras das Böse bekämpfen, wobei der Gott seinem Anhänger half. Bevor Mithras sich zum Himmel erhob, tötete er einen Stier und verzehrte dessen Fleisch und Blut. Die Gläubigen feierten mit Wasser und Brot ein ähnliches Mahl, das ihnen die Gewähr dafür bot, nach ihrem Tod durch Mithras das Ewige Leben zu erlangen. Von Kaufleuten eingeführt, wurde der Kult im Römischen Reich vor allem von den Soldaten ausgeübt, während Frauen als Gläubige stets ausgeschlossen blieben. Die Riten, bei denen der Gläubige mehrere Einweihungsgrade durchlaufen mußte, sind nur im Geheimen ausgeübt worden. Manche in → Mithräen dargestellte heilige Handlung erscheint deshalb heute nicht ganz verständlich.

Mithräum Tempel des → Mithras, der z.T. in den Boden versenkt angelegt ist und dadurch einen charakteristischen Grundriß aufweist. Der langrechteckige Bau besaß rechts und links je ein Podium, auf dem die eingeweihten Gläubigen liegend an den Kultversammlungen teilnahmen. Am Ende des Kultraumes stand der Mithrasstein, auf dem häufig dargestellt ist, wie Mithras den Stier tötet und damit den Gläubigen das Ewige Leben gewinnt. Manche Steine zeigten auf beiden Seiten verschiedene Szenen aus der Glaubenslehre und konnten je nach Bedarf gewendet werden.

Monolith Aus einem einzigen Stein gefertigtes Monument (→ Säulen, → Menhire).

Mörtel Gemenge aus Sand, Wasser und Bindemittel. Lehmmörtel besteht aus Wasser und Lehm, dem für eine bessere Haltbarkeit Häcksel beigemengt wird. Bei Kalkmörtel wird statt Lehm Weiß- oder Graukalk, bei Gipsmörtel Stuckgips verwendet. Wasserbeständige Mörtelbindungen, die bei → Bädern benutzt wurden, enthalten Zuschläge aus Ziegelmehl.

Moränenhügel Von den Gletschern mitgeführte und abgelagerte Schuttwälle, die aus losgelöstem und meist fein zerriebenem Gesteinsmaterial benachbarter Berge bestehen.

Mosaik Aus Steinchen gefertigter, in → Mörtel verlegter Fußboden oder Wanddekoration. Als Material dienten verschiedenfarbiges Gestein und/oder Glasstückchen.

Muschelkalkstein In der mittleren Stufe der Triasformation anstehender, rauchgrauer Kalk. Das harte, dichtkörnige Steinmaterial eignete sich vorzüglich als Werkstoff zum Bauen, wurde aber ebensogern für die verschiedensten Denkmäler verwendet.

Neandertaler Altsteinzeitliche Menschenrasse, als deren Charakteristika stark vorspringende Augenbrauenbögen, eine niedrige Stirn und eine flache Schädelkalotte gelten, während die Kinnpartie wenig ausgeprägt erscheint. Der erste Schädel dieser Art wurde nach seinem Fundort benannt, einer Kalksteingrotte im Neandertal zwischen Düsseldorf und Elberfeld.

Neckarsueben Im Neckarmündungsgebiet lebende Bevölkerungsgruppe der Sueben, die inschriftlich sowie in der Literatur als »Suebi Nicretes« mehrfach bezeugt sind.

Neolithikum (Jungsteinzeit). Eine im Vergleich zur → Alt- und

Mittelsteinzeit sehr kurze Epoche (5000–1850 v. Chr.). Der Mensch wird seßhaft, baut Häuser, treibt Ackerbau und greift damit erstmals in die Landschaft ein. Wahrscheinlich ist die Kultur von Osten her über die Donauländer nach Europa vorgedrungen, da sich hier keine eigenständige Entwicklung nachweisen läßt. Werkzeuge und Geräte sind vor allem aus Stein, aber auch aus Bein und Hirschhorn gearbeitet. Holzgeräte wie Pfeil und Bogen oder Webstühle haben sich ebenso wie Felle und Gewebe in den → Ufersiedlungen erhalten, wo dafür besonders günstige Bedingungen herrschen.
An der Wende vom 3. zum 2. Jahrtausend v. Chr. veränderte sich das Klima so stark, daß ganze Völkergruppen gezwungen waren, ihre Wohnsitze aufzugeben und sich neue Siedelräume zu suchen. Diese Völkerwanderung schaffte für die folgende Epoche, die Bronzezeit, total geänderte Verhältnisse.

Niederterrasse Die meist unter Hochterrassen gelegenen Niederterrassen entstanden während der → Würmeiszeit. Sie gelten als hochwasserfrei.

Nymphe → Quellgottheit

Obergermanien Römische, unter Kaiser Domitian um 85 n. Chr. gegründete Provinz mit der Hauptstadt Mogontiacum/Mainz. Sie umfaßte die nördliche Schweiz, das westliche Baden-Württemberg, Teile von Hessen sowie das linke, heute rheinland-pfälzische Rheinufer. Bei Brohl grenzte Obergermanien an die Provinz Niedergermanien.

Öllampe Kleine Lampen aus Ton oder Bronze, die mit Öl gefüllt wurden und einen Wollfaden als Docht besaßen. Sie konnten in Ständer gestellt oder aufgehängt werden. Die Lampenformen entwickeln sich während der römischen Zeit ständig.

Oppidum Seit der Mitte des 2. Jh. v. Chr. nachzuweisende, befestigte Siedlungen von teilweise sehr großer Flächenausdehnung. Sie wurden in spätkeltischer Zeit angelegt und waren nach Ausweis von Handwerks- und Gewerbebetrieben sicher längere Zeit von einer zahlreichen Bevölkerung besiedelt. Bisher ist von keinem Oppidum ein Friedhof bekannt geworden.

Opus-spicatum-Technik Mauerverband, bei dem die Steine in übereinanderliegenden Schichten fischgrätartig gegeneinander versetzt wurden.

Paläolithikum → Altsteinzeit

Palisade Zaun aus dicht nebeneinander gesetzten Holzpfählen. Palisaden sind bereits aus prähistorischen Zeiten bekannt, werden aber auch noch von den Römern, etwa beim Bau des → Limes, verwendet.

Pfeilerarchitektur Die Pfeilerarchitektur kennzeichnen Wand-

und Strebepfeiler ebenso wie freistehende Pfeiler, die als Stützen ein Gewölbe, Bögen oder Decken tragen.

Pfostengrube Bei Ausgrabungen im Boden als dunkle Verfärbung kenntliche, runde bis ovale Grube, in die ein etwas schmälerer Pfosten eingesetzt und mit Erde sowie Steinen fixiert wurde. Aus der Anordnung der Pfostengruben lassen sich Grundrisse von Hausbauten oder Befestigungsanlagen rekonstruieren.

Pfostenschlitzmauer Den Wällen vorgelegte Pfostenschlitzmauern bestanden aus trocken aufgeschichtetem Lagenmauerwerk mit in regelmäßigem Abstand eingelassenen Holzpfosten, die Querriegel in der Wallschüttung verankerten. Zwischen den über die Mauerkrone hinausreichenden Pfosten hatte man vielleicht eine Brüstung aus Flechtwerk angelegt. Wenn die Holzpfosten der Pfostenschlitzmauern vermoderten, konnte man sie kaum ersetzen, sondern baute statt dessen eine zweite Mauer vor die erste.

Phallus Sinnbild der Zeugungskraft.

Pluto Pluto verkörperte als Unterwelts- oder Totengott neben Hades die mildere Seite der unterirdischen Mächte. Als sein Attribut gilt deshalb auch das segenbringende Füllhorn.

Provinzstatthalter Vom römischen Senat ausgewählter Beamter, der für eine bestimmte Zeit die Amtsgeschäfte in einer römischen Provinz übernahm.

Quellgottheit (Quellnymphe) Personifikation der im Altertum verehrten Quelle. Bestimmte Quellen waren als Orakel- oder Heilquellen Apoll geweiht.

Quellheiligtum (Nymphäum) Monumentalbrunnen, bei dem ein Becken sowie eine künstlich geschaffene »Quelle«, etwa eine Kaskade, mit einem dahinterliegenden Becken kombiniert sind. Sie haben keinen Bezug mehr zu den heiligen Quellen und Grotten der → Nymphen. In Städten werden Nymphäen gern zur optischen Auflockerung an Plätzen oder am Ende von Straßenfluchten angelegt.

Radiolarit → Hornstein

Rätien Römische Provinz, die das heutige Süd-Ost-Württemberg und Bayern umfaßt. Die Römer eroberten das Gebiet und sicherten es durch eine Reihe von → Kastellen am Alpenfuß. Unter → Claudius wurde die Grenze an die Donau, am Ende des 1. Jh. n. Chr. schließlich auf die Alb vorgeschoben. Provinzhauptstadt war Augsburg (Augusta Vindelicum).

Rätische Mauer Nur an der Nordgrenze der Provinz → Rätien am Ende des 2. Jh. n. Chr. oder zu Beginn des 3. Jh. n. Chr. erbaute Steinmauer, die als Sonderfall des obergermanisch-rätischen → Limes gilt. Im benachbarten → Obergermanien wurde der Limes zur gleichen Zeit mit einem Wall-Graben-System verstärkt. Die 133 km lange rätische Mauer begann im Rotenbachtal (→ Schwäbisch Gmünd) und endete bei Passau (Bayern).

Rätsandstein = Oberer Keuper. Diese Steinschicht schließt Bänke aus Knochen, Fischschuppen und Zähnen ein, die man als »Bonebed« bezeichnet.

Reliefstein Steine, die auf einer oder mehreren Seiten ein Relief tragen und in einem Monument verbaut waren.

Riemenzunge Halbrund auslaufender, aus verschiedenen Metallen oder Edelmetallen gefertigter Beschlag an den Zungen der Gürtelriemen sowie den von den Gürteln herabhängenden Zierriemen.

Säule Jede Säule steht auf einer Basisplatte und trägt ein Kapitell, auf dem das darüber verlaufende → Gesims aufliegt. Der sich nach oben leicht verjüngende Säulenschaft kann aus einem Stein gearbeitet, aber auch aus zahlreichen Trommeln zusammengesetzt sein. In einem solchen Fall wurde der Schaft erst skulpiert, wenn die Säule aufgerichtet war.

Als Verzierungen des Säulenschaftes gibt es neben den → Kanneluren die verschiedensten, meist aus versetzt übereinander angeordneten Blättern geschaffenen Dekorationen.

Säulengang Häusern oder Innenhöfen an der Straßenseite vorgelagerter Gang, dessen Dach auf der Außenseite von einer Säulenreihe getragen wurde, während die Innenwand an der Mauer aufsaß (→ Arkaden).

Saturn (→ Gottheiten der Wochentage) Alter römischer Gott unbekannter Herkunft, dem der Ackerbau heilig war. Im Tempel des Saturn wurde auf dem Forum Romanum der römische Staatsschatz verwahrt.

Seelenloch In die vordere Platte eines → Megalithgrabes gebohrte, mit einem Stein verschließbare Öffnung, die der sich frei bewegenden Seele jederzeit den Zugang zum Toten ermöglichen sollte. Durch die Seelenlöcher wurden dem Toten aber auch Opfergaben, etwa Speisen in das Grab abgestellt.

Sichtquader Dem groben Mauerwerk vorgeblendete, sauber zubehauene Quadersteine.

Sigillatagefäße Glänzend rote, hart gebrannte Gefäße wie halbrunde Schalen, steilwandige Becher oder Teller, die von verschiedenen Töpferzentren seit dem frühen 1. Jh. n. Chr. hergestellt und exportiert wurden. Man unterscheidet süd-, mittel- und ostgallische sowie obergermanische Fabrikate. Da man die Arbeit der einzelnen, namentlich bekannten Töpfer gut datieren kann, bieten die Sigillatagefäße wichtige Datierungsanhalte.

Silexknolle = Feuersteinknolle. Zu den Silexarten gehören

aber auch Obsidian und Jaspis. Feuerstein steht in größeren und kleineren Knollen an der nordischen Küste, in Schweden, Belgien und Nordafrika an. Sein beschränktes Vorkommen ließ ihn schon frühzeitig zu einem wichtigen Handelsprodukt werden. Teils wurde das Steinmaterial aufgelesen, teils im Bergbau gewonnen.
Der harte, spröde Feuerstein zerspringt bei einem Schlag scharfkantig und kann bei bestimmten Schlagrichtungen in lange, schmale Lamellen gespalten werden. Außerdem ist er gut zu schleifen und zu polieren.
Bei den Feuersteinwerkzeugen wie Äxten, Meißeln, Dolchen und Lanzen wurde aus den Rohstücken (oder Knollen) die Form grob herausgearbeitet, die man dann mit weiteren, kleinen Schlägen verfeinerte. Äxte und Meißel wurden anschließend geschliffen, Dolchen, Lanzenspitzen und Sägen durch Oberflächenretuschierung die endgültige Form gegeben. Die teilweise hervorragend gearbeiteten Werkzeuge lassen vermuten, daß es bereits geschulte Handwerker oder Handwerkszentren gab.

Sol (→ Gottheiten der Wochentage) Römischer Sonnengott, der in einer Quadriga dargestellt wird und immer einen Strahlenkranz trägt. Einige Kaiser erklärten Sol während des 3. Jh. n. Chr. zum römischen Staatsgott.

Soldkasse Kasse jeder Einheit, aus der den Soldaten der monatliche Lohn gezahlt wurde. Ein Teil des Verdienstes wurde in der Truppenkasse verwahrt und dem Soldaten zusammen mit einem Geldbetrag oder einer Landzuweisung ausgezahlt, sobald er aus dem aktiven Dienst ausschied.

Stabsgebäude Zentralbau jeder Garnison. Charakteristisch ist ein über der Hauptstraße errichteter Vorbau, an den sich das dreiflügelig um einen Innenhof gelagerte Stabsgebäude anschließt, ferner der → Apsisraum, in dem die Standarten und Fahnen (→ Feldzeichen) standen. Hier wurden auch → Soldkasse und Ersparnisse der Soldaten verwahrt, Tagesbefehle ausgegeben, Recht gesprochen und Versammlungen verschiedener Dienstgrade abgehalten. Ein Raum war dem Kaiserkult gewidmet. Außerdem befanden sich im Stabsgebäude noch Waffenkammern.

Stadtrat Dem Stadtrat gehörten Bürger mit einem festgesetzten Mindestvermögen an, die ohne Bezahlung die Amtsgeschäfte der Stadt leiteten. Das Gremium bestand aus wenigstens 10, meistens aber 50 oder 100 Mitgliedern, die dem Stadtrat auf Lebenszeit angehörten und nur in den seltensten Fällen, etwa bei schweren Verbrechen, von ihrem Amt dispensiert werden konnten.

Spitzgraben Verteidigungsgraben mit V-förmigem Querschnitt.

Standarte → Feldzeichen

Steinpfeiler Tragendes Bauelement etwa bei der → Pfeilerarchitektur oder → Arkaden, das, anders als die → Säule, keinen runden Schaft besitzt. In der Plastik werden sich nach oben meist leicht verjüngende Pfeilermonumente als → Stelen bezeichnet.

Stele Pfeilerförmiges Monument vornehmlich aus Stein, dessen Vorderseite entweder ein Relief oder eine Inschrift trug. Häufig bildet ein Giebel oder eine Palmette den oberen Abschluß. Außer Grabstelen gibt es auch Urkunden- oder Grenzstelen.

Straße Die Römer bauten in den eroberten Gebieten bereits vorhandene Wege aus, legten aber auch neue, meist schnurgerade Straßen an, die das Verschieben von Truppen ebenso wie das Überbringen von Nachrichten und den Transport von Gütern erleichterten.

Für den Straßenbau hat sich dabei folgendes Prinzip herausgebildet: Auf den meist festgestampften Boden wurde eine Lage größerer Steine, darüber eine kleinteilige Steinschüttung aufgebracht. Bei Pässen schlug man die Straßentrassen auch aus dem anstehenden Felsen heraus. Zu beiden Seiten der Straße sorgten Entwässerungsgräben dafür, daß das Wasser, etwa nach Regenfällen, rasch vom Straßenkörper abfließen konnte.

Straßenkarte Auf den römischen Straßenkarten (Itinerarien) waren die Reisewege graphisch dargestellt. Entfernungsangaben sowie Hinweise auf Übernachtungsmöglichkeiten ergänzten die Zeichnungen.

Stratigraphie Abfolge der verschiedenen Kulturschichten. Die Stratigraphie muß sorgfältig beobachtet werden, um die einzelnen Siedlungsschichten voneinander zu trennen.

Stubensandstein Weißlicher Sandstein aus dem oberen schwäbischen Gipskeuper. Es gibt außer einer harten Form, die gern als Baumaterial verwendet wird, auch mürbe zerfallenden Stubensandstein.

Tempel Kultbau, in dem das Götterbild aufbewahrt wurde. Zum Tempel können außer einem Vorbau wie einer Säulenhalle noch etliche Nebenräume gehören, in denen z. B. die dem Gott von Gläubigen gestifteten Weihegeschenke aufbewahrt wurden. Anders als in christlichen Kirchen fand bei den Tempeln der Gottesdienst, nämlich das Opfer, fast stets an Altären im Freien vor dem Tempel statt.

Tempel, gallo-römischer Besondere Tempelform, die auf keltische Bautypen zurückgeht. Der meist aus Holz auf einem Steinfundament erbaute Tempel besaß auf allen vier Seiten durch halbhohe Schranken geschlossene Umgänge. Welcher Kult hier ausgeübt wurde, ist nicht bekannt.

Therme → Bad

Tonnengewölbe Gewölbe mit halbkreisförmigem Querschnitt, häufig bei den großen römischen Bauten wie → Basiliken oder → Thermen verwendet.

Trajan Römischer Kaiser von 98 bis 117 n. Chr., der als sehr soldatenfreundlich galt und deshalb bei den Truppen außerordentlich beliebt war. In seinen Regierungsjahren wurde in der Provinz → Obergermanien die große Fernstraße ausgebaut, die von Mainz über Stettfeld nach Augsburg führte.

Trajanssäule 40 m hohe Säule vor dem Tempel des Divus Traianus (»Vergöttlichter Trajan«) in Rom, in deren Sockel die Urne mit der Asche des Kaisers beigesetzt war. In 155 verschiedenen, die Säule spiralförmig umziehenden Bildern werden die Ereignisse der Dakerkriege geschildert, die Trajan während seiner Herrschaft führte. Diese Reliefs sind für militärhistorische Fragen, etwa für Tracht und Bewaffnung, eine wichtige Quelle.

Tribunalapsis Tribunale sind zunächst einfach erhöhte Amtssitze unter freiem Himmel, auf denen die Beamten während ihrer Amtshandlungen Platz nehmen. In der römischen Zeit werden Tribunalapsiden, d. h. halbrunde Amtsräume für den Magistrat, häufig an → Basiliken angebaut.

Trinkhörner Von den Germanen verwendete, aus Hörnern gefertigte Trinkgefäße, die man mit Beschlägen an Mund und Spitze reich verziert hatte. Eine am oberen und unteren Ende befestigte Kette diente zum Aufhängen des Trinkhorns.

Trockenmauerwerk Mauerwerk, das ohne → Mörtelbindung aus einfach übereinandergeschichteten Steinen bestand. Diese Technik wurde häufig bei Fundamenten verwendet.

Ufersiedlung Heute gebräuchlicher Ausdruck für die früher als »Pfahlbauten« bezeichneten Dörfer. Wie ihr Name schon sagt, lagen sie hart am Ufersaum der Seen auf dem im Sommer trockenen Strand. Da der Wasserspiegel im Winter aber stieg und die Ufer überflutete, hatte man die Fußböden von jedem einzelnen Haus vom Strand abgehoben. Während dieser Zeit glichen die Siedlungen wirklich den auf einem See errichteten Pfahlbaudörfern, wie man sie sich früher vorstellte. In einem Punkt sind diese alten Rekonstruktionen aber völlig unzutreffend: eine gemeinsame Plattform, auf der alle Bauten des Dorfes errichtet waren, hat es in den Ufersiedlungen nie gegeben. Die Dörfer waren während der Jungsteinzeit (→ Neolithikum) und der → Bronzezeit angelegt worden (4000–800 v. Chr.).

Unterkunftshaus In römischer Zeit modernen Hotels vergleichbare Bauten, in denen Reisende übernachten konnten. In staatlichem Auftrag reisende Beamte fanden in besonderen Unter-

kunftshäusern auch stets Pferde vor, die sie benutzen konnten, um rasch an ihr Ziel zu gelangen.
Unterkunftshäuser liegen meist am Stadtrand und weisen mit dreiflügelig um den großen Innenhof gelagerten Bauten einen charakteristischen Grundriß auf. Häufig ist für die Bequemlichkeit der Reisenden auch ein eigenes Bad angebaut worden (▶ Rainau).

Urnenfelderzeit → Bronzezeit

Venus (→ Gottheiten der Wochentage) Zunächst Göttin des Gartens, setzten die Römer sie später mit der griechischen Liebesgöttin Aphrodite gleich. Seit → Caesar gilt sie als Ahnherrin der julisch-claudischen Familie.

Viereckschanze Keltisches Heiligtum, das von der Forschung zunächst als Verteidigungsanlage gedeutet wurde. Heute sind die Schanzen meist nur noch als Wälle mit leicht überhöhten Ecken kenntlich, während der Graben zugeschwemmt ist, der die ganze Anlage einmal umzog. Im Innenraum der Schanze konnten oft ein kleiner, meist in einer Ecke gelegener Holzbau sowie ein tief in die Erde reichender Schacht (Opferschacht? Heiliger Brunnen?) nachgewiesen werden. Ob die in die späte → Latènezeit (1. Jh. v. Chr. - beginnendes 1. Jh. n. Chr.) zu datierenden Anlagen in römischer Zeit weiterbenutzt worden sind, ist nicht erforscht.

Viergötterstein → Jupitergigantensäule.

Viertelrundstab Hochgewölbter Wulst, der in → Bädern und Becken den Übergang vom Boden zur Wand abdichtete.

Viktoria Geflügelte Göttin des Sieges. Ihre Attribute sind Siegeskranz und Palmzweig.

Vulkan Gott des Feuers.

Wall Der meist als Verteidigungsanlage errichtete Wall ist in den verschiedensten Bautechniken ausgeführt worden: neben reinen → Erdwällen gibt es Steinwälle oder Erdwälle mit Holzeinbauten. Da sich die Techniken zeitlich kaum differenzieren lassen, hing es wohl jeweils von den Umständen beim Bau sowie der Umgebung ab, welche Bauweise man wählte. Den oberen Abschluß des Walles bezeichnet man als Wallkrone.

Wasserleitung (Aquädukt) Die größeren römischen Städte erhielten von nahegelegenen Bergen Frischwasser, das durch Leitungen und Aquädukte in große Sammelbecken innerhalb der Stadt geleitet wurde. Hier konnte sich die Bevölkerung jeden Tag das benötigte Wasser holen, während öffentliche Gebäude wie Bäder oder Brunnen direkt von den Zuleitungen aus versorgt wurden. Auch private Haushalte konnten sich an das Wasserversorgungssystem anschließen lassen. Da ihre Anschlüsse in den Leitungsröhren aber höher angebracht waren als die der öffentlichen Gebäude, blieben sie bei Wasserknappheit ohne Wasser, während die öffentlichen Gebäude weiterhin versorgt wurden.

Wettergott → Jupiter tonans

Würmeiszeit Die Würmeiszeit ist die jüngste der vier im Alpenvorland nachgewiesenen Eiszeiten, die nach dem Flüßchen Würm benannt ist. Sie setzte vor ca. 70000 Jahren ein. In diese Zeit gehören zahlreiche Gletschervorstöße im Norden und Westen der Alpen.

Zangentor Toranlage, deren Torbau aus der Mauerflucht zurückversetzt ist. Der zum Tor einbiegende Wall begrenzt zu beiden Seiten als Mauerwangen oder -schenkel die Torgasse (oder den Torhof), in der die Feinde den Verteidigern der Anlage auch ihre nicht durch einen Schild geschützte rechte Seite zuwenden mußten. Außerdem konnte in den schmalen Torwegen nie eine größere Anzahl von Feinden gleichzeitig angreifen.

Zeugenberg Restberg einer durch Abtragung zurückgewichenen Landstufe.

Ziegel Im Altertum benutzte man aus Lehm und Häckselmaterial geformte, luftgetrocknete Ziegel. Einen aus Lehm oder Ton unter Zusatz von Magerungsmitteln geformten, nach dem Trocknen gebrannten Ziegel stellten erst die Römer her. In Legionsziegeleien für Militärgebäude oder öffentliche Zivilbauten gebrannte Ziegel wurden mit einem Ziegelstempel gekennzeichnet.

Ziegelbeton Guß- → Mörtel, dem Ziegelkleinschlag beigemengt war und der wegen seiner Wasserundurchlässigkeit in den nassen Räumen von → Bädern verwendet wurde.

Zierornamente Verschiedenste, teilweise aus dem griechischen Bereich übernommene Dekorationsmotive.

Zinnen Ausgezahnter oberer Mauerabschluß an Kastell- und Lagermauern und an der Brustwehr eine Wehrgangs. Bei Militäranlagen und Stadtmauern waren die Zinnen sowie die dazwischenliegenden Mauerbrüstungen mit Zinnendeckeln, dachförmig zugeschlagenen Steinen, gedeckt.

Zisterne Auffang- oder Sammelbecken, meist mit Holzbohlen ausgekleidet, für Wasser ohne eigenen Quellzufluß.

Zungenmauer Kleines Mauerstück, das im rechten Winkel von einer Mauer abbiegt und einen Zugang oder ein Tor flankiert.

Zweischalenmauerwerk Bei den Römern übliche Technik des Mauerbaus. Zwischen einer sauber aus Lagen- oder Schichtmauerwerk aufgemörtelten Außen- und Innenschale füllte man kleinteiliges, mit → Mörtel gefestigtes Bruchsteinmaterial oder Geröll ein.

Zwischensockel Häufig profilierte Sockel zwischen Basis und eigentlichem Monument.

NACHWEIS DER ABBILDUNGEN

E. Augenstein: 98
Bad. Landesmuseum, Karlsruhe: 95
K. Baradoy: 44
G. Bernert: 3, 4, 6, 8, 15, 20, 26, 29, 33, 34, 47, 49, 52, 59, 70, 79, 82, 84, 86, 87, 100, 117, 120, 122, 130, 132
R. Bisterfeld: 72
A. Brugger, Luftbild: 13 (2/44861), 14 (2/43856), 22 (2/10653), 37 (2/12900), 68 (2/57691 C)
J. Feist: 5, 30, 38, 60, 88, 89, 90, 101, 128
P. Frankenstein/J. Jordan: 9
L. Geiges: 123, 148
Dr. H. Hell: 111
R. Hajdu: 23
Dr. B. Heukemes: 63, 64
B. Hildebrand: 103
S. Höfler: 27, 48, 71
Holländer: 83
Institut für Vor- und Frühgeschichte, Tübingen: 45, 46, 56
F. Keidel: 41
P. Kruppa: 2
Landesbildstelle Stuttgart: 11
Landesdenkmalamt Baden-Württemberg, Abt. Archäol. Denkmalpflege: 1, 12, 16–19, 24, 25, 31, 35, 39, 42, 50, 53, 54, 57, 58, 61, 62, 65–67, 73–78, 80, 85, 92–94, 96, 97, 99, 102, 104–107, 109, 110, 112, 114, 115, 116, 119, 125–127, 131, 136–147
K. Mikiffer: 10, 51, 69, 81, 108, 124
K. Mündlein: 40
B. Pfeifroth: 91
K.-H. Ponradl: 36, 55, 134, 135
H. Rudel: 121
Sauer: 133
Dr. F. Schubert: 43
G. Sokolowski: 113 (38/1125-T 3), 129 (38/3565-102)
Tilgner: 7
Dr. E. Wagner: 21
L. Windstosser: 32, 118
Württ. Landesmuseum, Stuttgart: 28

Reihe **„Führer zu archäologischen Denkmälern in Baden-Württemberg“**

Die Führer geben ausführliche Informationen über die in unsere Landschaft eingebetteten Ruinenstätten der Vergangenheit. Reich ausgestattet mit Fotos, Zeichnungen und Lageplänen. Kartoniert. Die Reihe wird ständig erweitert.

Band 1: Die Heuneburg an der oberen Donau
Band 2: Der Heidengraben bei Grabenstetten
Band 3: Eiszeithöhlen im Lonetal
Band 4: Lebendige Archäologie
Band 5: Der Magdalenenberg bei Villingen
Band 6: Eiszeitjäger im Blaubeurener Tal
Band 7: Das römische Rottweil
Band 8: Grinario – Römisches Kastell und Dorf in Köngen
Band 9: Das Freilichtmuseum am rätischen Limes im Ostalbkreis
Band 10: Der Rosenstein bei Heubach

Römer, Rätsel und Ruinen

Ausflüge in die heimatliche Archäologie. Von D. Kapff. 128 S. mit 16 Kartenskizzen und 34 Fotos. Kartoniert. Ein praktischer und anregender Führer zu historischen und archäologischen Sehenswürdigkeiten rund um Stuttgart.

Archäologie in Deutschland

Die neue Zeitschrift mit sachkundigen und aktuellen Berichten zu allen Gebieten der Landesarchäologie von der Urgeschichte bis zur Neuzeit. Jeder an Geschichte und Archäologie Interessierte erhält mit dieser Zeitschrift Informationen über grundlegende Themen der Archäologie und über das aktuelle Geschehen. Archäologie in Deutschland bringt Berichte über neue Funde in unserer Heimat, berichtet über Denkmäler, gibt Tips für Museen, für archäologische Wanderungen und Ausstellungen, informiert über die Ergebnisse der Forschung und bringt

Konrad Theiss Verlag Stuttgart